脉动流物理学

- [加] M. 扎米尔 (M. Zamir)　　　　著
- 李东阳　刘宇生　郑　鑫　译

哈尔滨工业大学出版社
HARBIN INSTITUTE OF TECHNOLOGY PRESS

黑版贸审字 08－2018－138 号

内 容 简 介

本书从流体流动的基本概念出发,在流体动力学方程的基础上,分析了管道内稳态流动及其在血管树结构中的应用,深入探讨了刚性和弹性管道内的脉动流动机理,从流体动力学角度解释了动脉粥样硬化等疾病的形成过程。本书旨在推动不同专业领域的交叉融合,促进对脉动流动的认识与理解,为从事心血管功能及疾病研究、不稳定流动研究的科研人员提供数学工具和理论依据。

本书适合医学、流体力学等相关专业的本科生、研究生和教师阅读。

图书在版编目(CIP)数据

脉动流物理学/(加)M.扎米尔(M.Zamir)著;李东阳,刘宇生,郑鑫译. —哈尔滨:哈尔滨工业大学出版社,2024.3
书名原文:The Physics of Pulsatile Flow
ISBN 978-7-5767-1301-5

Ⅰ.①脉… Ⅱ.①M… ②李… ③刘… ④郑… Ⅲ.①脉动流 Ⅳ.①O35

中国国家版本馆 CIP 数据核字(2024)第 063705 号
MAIDONG LIU WULIXUE

Translation from the English language edition:
The Physics of Pulsatile Flow
by M. Zamir
Copyright © Springer Science＋Business Media New York 2000
This Springer imprint is published by Springer Nature
The registered company is Springer Science＋Business Media, LLC
All Rights Reserved

策划编辑　刘培杰　张永芹
责任编辑　邵长玲
封面设计　孙茵艾
出版发行　哈尔滨工业大学出版社
社　　址　哈尔滨市南岗区复华四道街 10 号　邮编 150006
传　　真　0451－86414749
网　　址　http://hitpress.hit.edu.cn
印　　刷　哈尔滨市颉升高印刷有限公司
开　　本　787 mm×1 092 mm　1/16　印张 12.25　字数 233 千字
版　　次　2024 年 3 月第 1 版　2024 年 3 月第 1 次印刷
书　　号　ISBN 978-7-5767-1301-5
定　　价　98.00 元

(如因印装质量问题影响阅读,我社负责调换)

◎ 译 者 序

　　本书以血液流体动力学为背景，聚焦脉动流动过程的理论分析和机理解释，并给出了系统的数学推导过程，是一本涵盖流体力学和生物物理学基础知识的专业书籍。原著作者 M. Zamir教授从流体流动的基本概念出发，在流体动力学方程的基础上，结合管道内稳态流动的特点，由简入繁地讨论了血管树结构中脉动流的特征及应用，并详细分析了刚性和弹性管道内的脉动流动问题，为从事心血管功能及疾病研究的人员提供了数学和物理工具。译者在研究复杂不稳定流动现象的过程中偶然阅读到本书原著，深受启发。为推动不同专业领域的交叉融合，促进对脉动流动的认识与理解，译者在征得 M. Zamir教授同意后，对原著进行了翻译。

　　本书涉及大量流体力学和生理学专业词汇，虽然在翻译过程中译者多次考证其正确译法，但由于水平有限，翻译中难免有表达不及之处，肯请各位专家学者不吝斧正。在此书付梓之际，衷心地向 M. Zamir 教授表示感谢。同时，感谢厦门大学的姜晨醒研究员，在译者翻译此书时提供了宝贵意见并给予帮助。本书的出版得到了国家自然科学基金资助项目（No. 12102102，No. 52306193）的支持，在此表示感谢。

　　最后，希望各位读者在阅览本书时能够感受到译者夙兴夜寐、孜孜以求、臻于至善的翻译态度和对脉动流动研究的热情。

译 者
2024 年 1 月 12 日

　　生物物理学是一个广泛的、多学科的、动态的领域,涉及物理学、生物学、化学和医学等许多研究领域。新发现发表在这些学科的大量出版物上,这使得从事生物物理学的学生和科学家很难跟上他们自己以外学科的发展。因此,生物物理系列丛书是一个全面的,涵盖了对生物物理研究的重要的广泛主题。丛书的目标是为科学家和工程师提供教科书和参考书,以满足日益增长的信息需求。

　　丛书强调科学的前沿领域,包括分子、膜和数学物理学,光合能量的收集和转换,信息加工,遗传学的物理原理,感觉沟通,自控网络,神经网络和细胞自控装置。同时,覆盖生物物理学的当前和潜在的应用,如,生物分子电子元件和器件、生物传感器、医学、成像,可再生能源生产的物理原理,以及环境控制和工程。

　　我们很庆幸编委会有一众杰出的咨询编辑,这反映了生物物理学的广度。我们相信,生物物理学系列丛书可以通过为该领域的出版物整理成丛书来帮助推进该领域知识的传播。来自各个学科的科学家和从业者从即将出版的丛书中挖掘更多值得学习的知识。

Elias Greenbaum 系列图书主编

田纳西州,橡树岭

◎

序

多年以来，血管流动分析领域的经典文章有很多，所形成的理论如今依然令人信服。然而在过去的 20 年里，人们对病理生理机制的认识发生了巨大变化，我们已经能够通过可视化方法对人体血管内血流及其速度分布进行三维建模。因此，为提升使用新型成像技术的能力以及满足我们对生物学知识日益增长的需求过程中，本书为我们实现以上新目标提供了重要工具。

以往分析血流问题时，脉动流及附带的波反射现象通常被视为"锦上添花"的内容，或者仅要求对其具有最基本的理解，而现在我们应具备更深层次的理解，特定系统需要进行更加精确的分析，而不仅仅是基于统计数据描述血管树的构造。全新的需求包括从动脉树成像结果中了解更加详细的分支结构，并且需要了解可以以多大限度利用流体动力学特征解释动脉粥样硬化等疾病的特定位置，或者在多大限度上整个器官灌注的不均匀性可归因于血管树分支几何形状或血管壁的机理特性。另一个正在迅速发展的领域是带有细胞（尤其是内皮细胞）内衬的血管混合合成支架。需要专门为这些假体支架进行局部剪切应力分布分析，并对附着在支架上的细胞进行检验。

虽然超声多普勒和核磁共振成像等方法可以提供局部血流速度分布的直接数据，但是这类方法的空间分辨率有限，因此，在分析本书中描述的血管树及其壁面的三维几何模型时，需要利用高分辨率的剪切应力和局部压力的分布结果。分析时应该评估这些变量的重要程度，例如，刺激或抑制这些部位稳态反应的基因表达。

1

本书不是简单的罗列出分析脉动流问题的方法,而是集成了基础物理学和数学的推导,这为认真的学习者评估本书的推导在面流应用中的价值提供了必要的背景知识。从而,可以更有把握地对脉动血流对血管重构的病理生理和血流动力学变化的急性反应的预期准确和贡献进行评估。

　　总而言之,本书与当前迅速发展的血管树的病理生理学领域和现有强大的成像和计算工具密切相关。

Erik L. Ritman,医学博士,哲学博士,生理学和医学教授
Ralph B. ,Ruth K. Abrams 教授
梅奥诊所医学研究生院
明尼苏达州,罗切斯特

前言

本书的核心内容是作者 30 年来，在科学、工程和医学领域面向研究生和本科生所做的演讲材料的整理。这些演讲的主题是从流体动力学和血流课程中提取出来的内容并整理在一起，从而形成一个关于脉动血液流动的独立课程。本书特别适合作为本科生或研究生课程的教材，它包含了流体动力学、物理和数学方面必要背景知识。

这本书共六章。第一章涉及流体动力学、连续介质力学和血液流动的基本概念。第二章详细地推导了 Navier-Stokes 方程和连续性方程。第三章论述了管内稳态流动及其在血管树结构中的应用。第四章讨论了刚性管道内脉动流问题，并给出了该问题经典解的所有元素。第五章以类似的方法讨论了弹性管内更复杂的脉动流动问题。第六章，也是最后一章，讨论了波反射现象，对管道和血管树结构中流动的影响，以及处理这种现象所需的专门方程。每章中各小节处理较小的子主题，旨在提供大约一讲的材料。

脉动流通常与血流量有关，而血流量通常与心血管功能和疾病有关。由于这些联系，有关该主题的书籍倾向于仅在心血管系统的解剖学、生理学和病理学以及具有更大背景下的心血管疾病临床方面呈现脉动流。McDonald 和 Milnor 的两部经典著作已经并将继续尽职尽责地履行这一使命，是科学界的宝贵资料。本书在不同位置出现了对这些书和其他一些关于这一主题的书的引用。

相比之下,正如书名所言,脉动流是在物理和数学的背景下提出的。这样提出的原因是脉动流是一种物理现象,同时它的描述和理解还涉及大量的数学的分析和结果。想要理解这些结果,需要在流体物理学上有良好的基础。它还需要这些方程的解法的全部细节,包括解法所基于的所有假设,因为只有这样,才有可能正确地、更好地解释结果。

这种对数学和物理的"包容"在过去并没有给予脉动流,因为,如上所述,这一主题通常是在心血管功能和医学的背景下提出的。这方面,这一主题涉及的分析细节数量过多,因此通常会参考已发表的论文。所需的细节确实可以从首次提出这些解决方案的经典论文中获得(文本中的参考资料),但练习需要熟练掌握流体流动的物理学和微分方程的数学解,这又必须从其他来源获得。撰写本书的初衷在于挑战将所有这些要素融合起来,并充分详细地处理好它们的关系,实际上是将脉动流的主题提升到教科书的水平。

本书对物理和数学的关注并不是要偏离脉动流与心血管功能和疾病的最终关联。相反,我认为处理这种联系的最佳方法是向那些从事心血管功能和疾病工作或研究的人提供处理这一问题所需的数学和物理工具。为了使这些工具可用,不仅需要介绍脉动流问题的经典解的结果,而且还需要介绍赋予这些解其意义和合理性的物理和数学。不仅要牢记和遵守所有涉及的假设,而且要看到这些假设在分析过程中是如何准确出现的,以便评估它们在每个具体问题中的相关程度。

本书旨在提供这些可用工具,希望使脉动流的问题更容易为那些不精通该问题的每个要素的人所接受。这种方法的基本原理是,无论是医学研究人员还是生物医学学生,在对所涉及的物理和数学有很好的理解的基础上,将这一学科应用于心血管功能和疾病领域,这将更好地产生更富有成效的结果。

血液是否是牛顿流体,以及波反射在心血管系统中是否重要,这是两个很好的例子。掌握数学和物理工具对于在个别情况下处理这些问题很重要。这两个问题在任何情况下都没有直接的"是"或"否"的答案,在数学和物理的背景下都是必须考虑的重要问题。仅凭血液的微粒结构就断定血液不是牛顿流体是不够的,在任何情况下,都必须以对流体动力学方程所基于的连续统概念的清晰理解来审查这个问题。仅观察在一种情况下反射波的不利影响并得出在所有情况下的影响都是不利的结论也是不够的,每种情况下的影响都必须单独计算,这样做需要适当的数学和物理工具。事实上,波反射在心血管系统中非常普遍,因为数十亿个血管连接中的每一个都是潜在的反射点。因此,单纯从生物学角度出发,推测心血管系统的功能设计使波反射在整个系统中产生不利影响是不合理的。

我在流体动力学方面的研究要归功于伦敦大学的两位老师,他们对我的影响十分深远,以至于我很难相信关于这个问题的想法完全是我自己的。A. D. Young 教授教会了我如何理解边界层流动,R. D. Milne 教授教会了我流体动力学中数学的力量。而我在血液流动领域的研究要归功于几位对我产生了关键影响的同事,西安大略大学的 Margot R. Roach 教授,她从事心血管医学,为我的物理学打开了一扇门;已故的 Alan C. Burton 教授,他确保了这扇门一直为我敞开着,正是他们一步一步将我带入这个领域。多伦多大学的 M. D. Silver 教授和米兰大学的 G. Baroldi 教授,让我知道了流体动力学与临床病理学的差距有多大,以及将这两门学科在心血管系统中结合起来是多么困难,但这却是值得的。纽约州立大学布法罗分校的 R. E. Mates 教授在冠状动脉循环中的脉动流方面一直激励着我,以及明尼苏达州罗切斯特市梅奥诊所的 E. L. Ritman 教授在血管可视化方面做了很有价值的工作,我对这个领域也很感兴趣。达尔豪斯大学的 G. A. Klassen 教授慷慨地向我传授了他在心脏病学和心血管系统物理学方面的专业知识。多年来我们多次讨论了我在这一领域的教育做出的重大贡献。最后,西安大略大学的两个非常特殊的系为我提供了研究这一课题所必需的跨学科环境:应用数学系与医学生物物理系,我非常感激这两个系的同事。

　　我要特别感谢我的朋友兼同事 S. Camiletti 教授,他慷慨地承担了在出版前审读手稿的乏味工作。我经常在数学和流体动力学方面求助他来检验或澄清我的各种想法,而且他很少在讨论结束时让我失望。把手稿交到他手里是我的第一个想法,几乎是本能的想法,我深深地感谢他接受了这份工作。我还要感谢 Hope Woolley 仔细校对了问题和答案部分。

　　感谢我的长期助手和最亲密的朋友 Mira Rasche 女士,她陪我从物理学走到医学,让我的科研之旅变得更容易。特别感谢 Ian Craig 多年来娴熟的摄影工作,特别是随着技术的变化。我非常感谢 Elias Greenbaum 博士(生物物理系列丛书的主编),以及 Maria Taylor(斯普林格出版社的执行主编),允许我进入这个令人兴奋的冒险之旅。他们对这个系列和这本书的支持给了我持续地帮助。也非常感谢 Frank McGuckin 制作编辑,他以令人钦佩的耐心编排了本书的最后阶段。

M. 扎米尔
加拿大,安大略,伦敦

目

录

1

预 备 概 念

1.1　管 道 内 流 动

管道内流动是生物学中最常见的流体动力学现象。从原始细胞到复杂生物体,从植物到动物,都遍布着大量充满流体的管道(图1.1.1)。在生物体中,流体提供了一种不可缺少的介质,通过对流和扩散输送化学和生化产品,从而保证生物功能正常维持;管道是用来包容和运输这些流体最有效的媒介。

作为生物的一种载体,管道中流动的演变与生物体演化如此紧密地交织在一起,以至于很难把两者分开考虑[1-4]。即使在科幻小说里也是如此,如果没有管道内流动这一条件,也无法想象任意复杂程度生物体的演化。只有最原始的单细胞生物能够在没有管道流动的条件下存活;即便如此,仍需要流体用于细胞内部的输运,以提高化学和生化反应[5,6]。

与这个星球上其他任何有机体或系统相比,很有可能人体拥有更多充满流体的管道。无论是从物种系统发展的尺度还是从胚胎个体发育的尺度,这一点都可以观察到。任意复杂程度的生物体都需要管道内流动条件;并且随着复杂程度的提高,将需要更多的管道内流动。人类胚胎中血管系统的成长在文献中已有很好的描述,该过程很好地阐述了血管系统管状结构的出现是胚胎个体发育不可分割的一部分[7,8]。

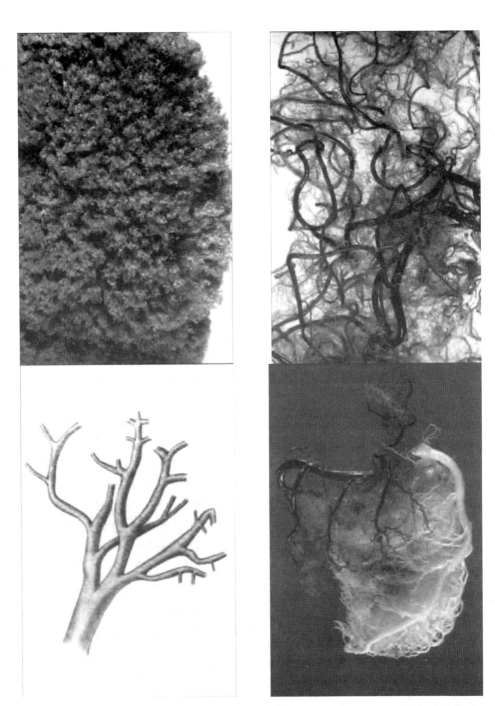

图 1.1.1　管道内流动是生物学不可分割的一部分。顺时针从左上角开始:肾脏脉管系统,大脑脉管系统,心脏脉管系统,以及底层树结构的特写

1.2 什么是流体

作为名词术语,"流体"(Fluid)指的是物质的状态,而不是某一种物质。在基础物理中,我们知道物质以三种明显的状态存在:固态、液态和气态。而术语"流体"指的是第二种和第三种状态的总和。流体可以是一种液态或者一种气态,任一种液态或者任一种气态。在研究"流体"相互作用方式时,这个词的使用是合理并且恰当的,因为这些相互作用依赖于流体的力学性质,而不是化学物质。那依据什么识别一种流体的力学性质呢?

我们发现凭直觉很容易识别水为流体,而钢为非流体。但是要识别区分这两者的属性却并不容易。通常使用"流动"这个词来解释水可以流动而钢不能流动,但这并没有解决这一问题,因为"流动"这个词本身就需要定义。 只有深入的力学思考才可以解决问题。 材料的力学性能与其本身对使其变形趋势的响应方式有关[9-11]。我们将水描述为流体,而钢为非流体,是因为它们对我们施加作用所做出的响应方式不同,施加作用引入了变形力。

当变形力施加于材料时,通常有四种主要类型的力学响应,如图 1.2.1 所示。 在第一种类型中,不管施加的力多大,材料都不会变形,这种类型的材料被称作"刚体"。 在第二种类型中,材料在力的作用下发生变形,但当作用力移除时,它恢复其初始几何形状,这种类型的材料被称作"弹性体"。在第三种类型中,材料在力的作用下发生变形,但当作用力移除时,它仍然维持变形的状态,这种类型的材料被称作"塑性体"。在第四种类型中,材料在力的作用下发生变形,并且当作用力移除后继续变形,这种类型的材料被称作"流体"。

弹性体的例子是钢、橡胶和木头,这些物体都在力的作用下发生变形,然后在作用力移除后恢复其形状。橡胶和钢之间的差异,只是变形程度上的,而不是类型上的。钢比橡胶发生变形所需要的力更大,但它确实会变形。钢的弹性比橡胶低得多,但它仍然具有弹性,因此,两者属于同一类弹性体。还有很多其他材料也是如此,具有很宽范围的弹性。事实上,作为弹性范围的极限情况,甚至刚体也可以被包括在这个类别中,只是使其产生变形所需的力无限大。这一观点是有用的,因为流体也可以作为弹性范围内的另一个极限情况被包括其中,只是使其产生变形所需的力无限小。流体不仅在变形力消除后继续变形,而且产生初始变形所需的力几乎为零 —— 任何大于零的,无论多小的力都可以,这是流体第二个可识别的属性。

由于这种独特的性质,流体在静止时不能承受非零变形力,无论力多小都不行。因为一旦施加力,流体就会变形,然后继续变形。相比之下,弹性体可以

3

在其变形状态下保持静止,与变形力相平衡。

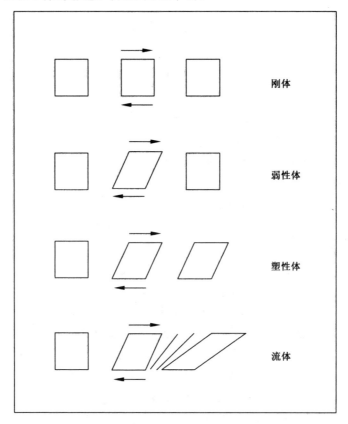

刚体

弱性体

塑性体

流体

图 1.2.1　材料的力学分类。最初的矩形体(左列)受到剪切力
(中列),然后去除力(右列)。刚体在力的作用下完全不变形。
弹性体在力的作用下发生变形,但在力移除后恢复其形状。塑
性体在力的作用下发生变形,并在力移除后保持变形状态。流
体在力的作用下发生变形并且在力移除后继续变形

1.3　微观尺度与宏观尺度

　　流体与变形力无法达到平衡,在静止时不能抵抗变形力,这是一个源于流
体分子结构的显著特性,在我们称之为"微观"尺度的层面上,我们知道所有的
物质都是由分子构成的。另一方面,前面讨论的力学行为和流体力学行为,通
常发生在更大尺度上,我们称之为"宏观"尺度。

　　物体在宏观尺度上的力学行为,实际是其物理上维持一个整体的方式,完

4

全取决于其在微观尺度上存在的条件。更具体地说，它依赖于构成物体的分子之间的引力和斥力的微妙平衡[12,13]。根据目前的理论，在固体状态下，引力占主导地位导致相邻分子不能相互分离的效应，从而赋予了物体"固态性"和抵抗变形的能力。相比之下，在流体状态下，引力和斥力之间的平衡不确定，以至于邻近的分子几乎可以自由离开彼此，从而赋予物体"流动性"。

叠加在这种微妙的力量平衡效应基础上，分子通常处于固体和流体状态的混沌振动。这使得微观尺度完全不适合宏观尺度上流体行为的研究。此外，由于分子之间（相对）巨大的空间，在微观尺度上材料本身是不连续的。相比之下，相同的材料在宏观尺度上则是连续的，为了实际应用和分析的需要，我们希望将它们看作如下状态。

这些困难在流体动力学研究中可以通过如下方式解决：仅在宏观尺度上进行研究，并认为流体不是由分子构成，而是由相互连续且彼此间没有空隙的微团构成（图 1.3.1）。在流体动力学中，这些微团通常被称为"流体微元"。

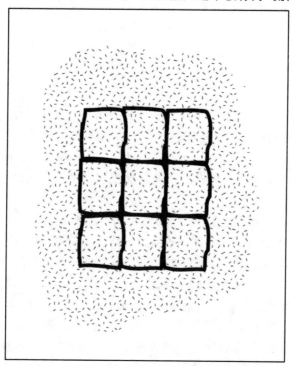

图 1.3.1　微观尺度和宏观尺度示意图。在微观尺度上，流体由不连续的分子集合组成。在宏观尺度上，我们将其视为连续的流体微元集合。该图仅在概念上描绘了两个尺度之间的关系，而不是按比例关系，因为两个尺度之间的差异太大而不能在同一幅图中显示

5

这种以流体连续观点作为研究模型的有效性取决于一个必要条件,流体微元既在微观尺度上非常大又在宏观尺度上非常小。第一个条件是要求流体微元包含足够多数量的分子从而可以充当流体;第二个条件是要求流体微元可以在宏观尺度上被视为最小的可能研究对象,实际上就是一个"点"。尽管看起来矛盾,但对大多数处于正常温度和压力条件下的流体而言,实际上这些要求很容易满足。例如,在标准温度和压力下一立方毫升空气含有约 10^{16} 个分子。因此,即使我们认为流体微元为百万分之一立方毫米,它仍然会包含 10^{10} 个分子。这在微观尺度上已经足够大可以使流体微元表现为流体,但在宏观尺度上又足够小可以视为一个点。

流体连续性和流体微元的概念对于流体动力学的研究至关重要,因为它们允许使用连续函数来描述宏观尺度上的流场特性。在该描述中,每个"点"表示一个流体微元,并且该点处的特性(例如速度或密度)则表示该点处流体微元的特性。我们稍后会看到,在该描述中,流体微元本身的范围、质量或形状都不是必需的。

1.4   什么是流动

当流体运动时,其流体微元能够以不同的方向和速度移动。正因为如此,流体几乎不会像固体一样整体移动。更常见的是,流体微元的运动速度会比其相邻微元的速度快或者慢,并且由于这些流体微元并非真正彼此分离而是必须保持彼此连续(图 1.3.1),所以不同的速度就会产生剪切运动,这正是流体流动的特征[14, 15]。

流场中流体微元通常位于一侧移动较快的流体微元和另一侧移动较慢的流体微元之间,有点类似于在多车道高速公路上行驶的车辆。这种"速度梯度"的结果是流体微元处于连续变形状态,其他流体微元也是如此。流体处于流动状态,而流动是一种持续变形的状态。

当你小心翼翼地拿起一杯咖啡以免打破其内部流体的静止状态时,即使所有的流体微元都处于运动(随杯移动)中,也不会有流动。因为没有连续变形就没有流动。然而,如果使用勺子搅动杯子内的流体,则流体微元将以彼此不同的方向和不同的速度运动,这将引发持续变形的状态,即流动状态。一般来说,对流体施加作用力而不使它流动是不太可能的,因为引发连续变形状态所需的力是无限小的。

在流场中,不同位置流体微元的速度彼此不同。也就是说,流体内部某一点处的速度是其位置的函数,从而在流体内产生速度梯度。流场通常也是一种速度梯度场。梯度可以在任意方向上,但为了讨论方便,我们只考虑其中的一种,如图 1.4.1 所示。这里,速度 u 在 x 方向的分量随着 y 方向变化,就产生了梯度 du/dy。该梯度下的流体微元会处于连续剪切状态,即如图 1.4.1 所示的连续变形状态。

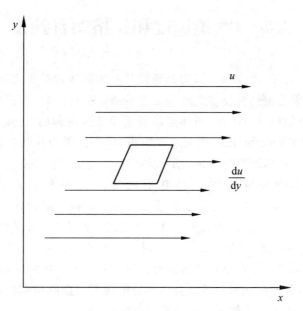

图 1.4.1　流动是速度梯度的状态。这里仅给出一个梯度,其由速度 u 在 x 方向的分量随着 y 方向的变化产生。该梯度内的流体微元处于连续变形状态,即流动状态

　　流体和弹性体之间最重要的区别在于,如果是弹性体,那么需要作用力保持其处于变形状态,类似于需要用力使弹簧保持在非中性状态。如果是流体,那么需要作用力使其保持连续变形状态,即处于流动状态。作用力必须克服的流体特性称为它的"黏度"。流体黏度是其对变形率的固有阻力,就像弹性体的弹性是其对变形的固有阻力一样。

　　流体的黏性同时解释了为什么需要力来维持流动状态,流动如何以及为何开始和停止。流动状态需力来维持,因为流体的黏度与该状态下占主导的速度梯度相反。而且,如果维持流动的力移除,那么已经开始的流动状态将逐渐减弱,因为流体的黏度将会不受阻碍地逐渐减小流场内所有的速度梯度。

　　流场中某一点由黏性产生的阻力随着该点处产生的变形率而增加,而该变形率又由该点处的速度梯度表征。如试图打开一罐蜂蜜或其他黏稠液体的瓶盖时,可为该说法提供令人信服的证明。通常情况下盖子和罐子之间会残留一层很薄的蜂蜜,打开盖子的旋转动作会产生速度梯度,薄层中的流体在该梯度

下将处于连续变形的状态。如果旋转动作非常缓慢,遇到的阻力会很小。但是如果采用非寻常的速度完成旋转盖子的动作,则会遇到与所用速度成正比的阻力。

1.5　欧拉速度和拉格朗日速度

当固体运动时,通常可以认为其速度是一个整体。对于流体而言,这几乎是不可能的,因为流体会发生变形。虽然不是完全自由的,但流体的不同微元可以相互独立地移动。因此,流体运动通常涉及其内部的"速度场"而不是单个速度。该场表示所有流体微元速度的集合,并且因为这些流体微元仅仅是宏观尺度上的"点",所以速度场表示流体内所有点的速度集合。

描述流体内速度场[16] 的方法有两种。第一种被称为"拉格朗日(Lagrange)"方法,该方法中首先记录了每个流体微元的初始位置,即运动开始之前流体微元的位置。然后按照通常的方式单独追踪每个流体微元的运动,就像追踪单个孤立粒子的运动一样。对于每个流体微元,其速度通常只是时间的函数,就如同一个孤立粒子的情况。但是对于流体中的全部微元,所有这些速度的集合是时间和每个流体微元本身的函数。这些所谓的拉格朗日速度就是时间和流体中所有微元初始位置的函数。

在坐标为 x, r, θ 的圆柱极坐标系中(图 1.5.1),如果我们分别用 U, V, W 表示拉格朗日速度分量,则

$$U = U(x_0, r_0, \theta_0, t), V = V(x_0, r_0, \theta_0, t), W = W(x_0, r_0, \theta_0, t) \quad (1.5.1)$$

其中 x_0, r_0, θ_0 是不同流体微元的初始坐标,也称为"物质坐标"。每组数值 (x_0, r_0, θ_0) 标识一个特定的流体微元,相应的速度是该流体微元的速度。因此,$U(1, 2, 3, t)$ 是当运动开始时的位置为 $x_0 = 1, r_0 = 2, \theta_0 = 3$ 时的流体微元的速度。虽然这个方案看起来合乎逻辑,但它实际上是很不切实际的,因为它要求已知每个流体微元,并时刻追踪,这对于描述流场而言既难以实现又不实用。

第二种可以描述流体内速度场的方法被称为"欧拉(Euler)"方法,该方法不是基于可识别流体微元的速度,而是基于流体内可识别的坐标位置记录的速度。因此,这些所谓的欧拉速度是时间和流体内坐标位置的函数,而不是流体微元初始位置的函数。如果我们用 u, v, w 来表示速度,那么

$$u = u(x, r, \theta, t), v = v(x, r, \theta, t), w = w(x, r, \theta, t) \quad (1.5.2)$$

例如 $u(1, 2, 3, t)$ 指的是在时刻 t,位置 $x = 1, r = 2, \theta = 3$ 处的速度。由于在不同的时刻,流体内某个坐标位置被不同的流体微元占据,所以流场中某

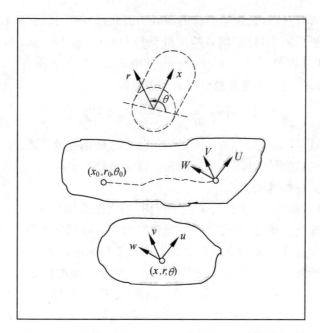

图 1.5.1　圆柱坐标(x, r, θ)。拉格朗日速度和欧拉速度$(U, V, W; u, v, w)$。流场中的拉格朗日速度表示可识别流体微元的速度，以其初始位置(x_0, r_0, θ_0)表示。欧拉速度表示在流场内的特定坐标位置(x, r, θ)处记录的速度，因此表示在不同时刻占据该位置的不同流体微元的速度

一点处的欧拉速度并不代表同一流体微元在全部时间内的速度。它们代表随着时间的推移占据这个位置的不同流体微元的速度。

　　虽然，欧拉速度似乎不那么合乎逻辑并且不易解释，但它是大多数流体流动问题选用的速度，因为它的实用性远超过了所带来的概念上的和分析中的困难。通过在所需位置简单地放置仪器，便可以测量流场内特定坐标位置处的速度，这种便捷导致了它的实用性。以欧拉速度的形式开展流体流动问题的分析更有意义，因为在实际中，我们通常感兴趣的正是欧拉速度，即流场中某个位置点的速度，而不是某个可识别流体微元的速度。

1.6　流场中的加速度

　　运动物体的加速度是其速度随时间的变化率[17, 18]。当物体是流场内的流体微元时，其速度可由拉格朗日速度分量近似给出，因为这些速度是流体微元

本身的函数,即流体微元物质坐标的函数。因此,如前所述,如果在坐标 x, r, θ 中的圆柱极坐标系中,拉格朗日速度分量用 $U = U(x_0, r_0, \theta_0, t)$,$V = V(x_0, r_0, \theta_0, t)$,$W = W(x_0, r_0, \theta_0, t)$ 表示,其中 x_0, r_0, θ_0 是物质坐标,t 是时间,那么 x, r, θ 方向上的加速度分量可以分别表示为

$$a_x = \frac{\partial U}{\partial t}, a_r = \frac{\partial V}{\partial t}, a_\theta = \frac{\partial W}{\partial t} \qquad (1.6.1)$$

由于 U, V, W 是 x_0, r_0, θ_0, t 的函数,它们对 t 的偏导数是通过保持 x_0, r_0, θ_0 不变而获得的,这意味着所评估的加速度就是由物质坐标(x_0, r_0, θ_0)标识的特定流体微元的加速度。

然而,如前所述,尽管看起来合乎逻辑,但它是不切实际的,因为它需要使用拉格朗日速度分量,这反过来又需要连续追踪流体微元本身。为了实用,我们希望用欧拉速度 u, v, w 替代拉格朗日速度来表示加速度分量。但是由于 u, v, w 是位置坐标 x, r, θ 和时间 t 的函数,它们对于时间的偏导数 $\partial u/\partial t, \partial v/\partial t, \partial w/\partial t$ 可以通过保持 x, r, θ 不变得到。因此,这些导数代表了流场内特定位置的速度变化率,而不是特定流体微元的速度变化率。这些特定位置在不同时刻被不同的流体微元占据。

如果我们现在用(x, r, θ)表示不是流场内固定的坐标位置,而是表示运动流体微元的瞬时位置,这使得 x, r, θ 变为时间 t 的函数,那么这些困难就可以解决了。因此,将公式$(1.5.2)$写为

$$\begin{cases} u = u\{x(t), r(t), \theta(t), t\} \\ v = v\{x(t), r(t), \theta(t), t\} \\ w = w\{x(t), r(t), \theta(t), t\} \end{cases} \qquad (1.6.2)$$

那么我们现在将欧拉速度不视为位置 x, r, θ 处的速度,而是视为时刻 t 时恰好占据该位置流体微元的速度,则流体微元的加速度可以通过这些速度对时间的全导数来合理地给出,也就是说

$$\begin{cases} a_x = \dfrac{Du}{Dt} = \dfrac{\partial u}{\partial t} + \dfrac{\partial u}{\partial x}\dfrac{\mathrm{d}x}{\mathrm{d}t} + \dfrac{\partial u}{\partial r}\dfrac{\mathrm{d}r}{\mathrm{d}t} + \dfrac{\partial u}{\partial \theta}\dfrac{\mathrm{d}\theta}{\mathrm{d}t} \\[2mm] a_r = \dfrac{Dv}{Dt} - \dfrac{w^2}{r} = \dfrac{\partial v}{\partial t} + \dfrac{\partial v}{\partial x}\dfrac{\mathrm{d}x}{\mathrm{d}t} + \dfrac{\partial v}{\partial r}\dfrac{\mathrm{d}r}{\mathrm{d}t} + \dfrac{\partial v}{\partial \theta}\dfrac{\mathrm{d}\theta}{\mathrm{d}t} - \dfrac{w^2}{r} \\[2mm] a_\theta = \dfrac{Dw}{Dt} + \dfrac{vw}{r} = \dfrac{\partial w}{\partial t} + \dfrac{\partial w}{\partial x}\dfrac{\mathrm{d}x}{\mathrm{d}t} + \dfrac{\partial w}{\partial r}\dfrac{\mathrm{d}r}{\mathrm{d}t} + \dfrac{\partial w}{\partial \theta}\dfrac{\mathrm{d}\theta}{\mathrm{d}t} + \dfrac{vw}{r} \end{cases} \qquad (1.6.3)$$

在 a_r, a_θ 的表达式中出现增加的项是由于圆柱坐标系的曲率[19, 20]。此外,由于 $x(t), r(t), \theta(t)$ 是 x, r, θ 处的流体微元在时刻 t 的瞬时坐标,所以它们相对于 t 的导数表示该位置处、该时刻的欧拉速度分量,也就是

$$\frac{\mathrm{d}x}{\mathrm{d}t} = u, \frac{\mathrm{d}r}{\mathrm{d}t} = v, r\frac{\mathrm{d}\theta}{\mathrm{d}t} = w \qquad (1.6.4)$$

加速度各分量的表达式最终变为

$$\begin{cases} a_x = \dfrac{\partial u}{\partial t} + u\dfrac{\partial u}{\partial x} + v\dfrac{\partial u}{\partial r} + \dfrac{w}{r}\dfrac{\partial u}{\partial \theta} \\[2mm] a_r = \dfrac{\partial v}{\partial t} + u\dfrac{\partial v}{\partial x} + v\dfrac{\partial v}{\partial r} + \dfrac{w}{r}\dfrac{\partial v}{\partial \theta} - \dfrac{w^2}{r} \\[2mm] a_\theta = \dfrac{\partial w}{\partial t} + u\dfrac{\partial w}{\partial x} + v\dfrac{\partial w}{\partial r} + \dfrac{w}{r}\dfrac{\partial w}{\partial \theta} + \dfrac{vw}{r} \end{cases} \qquad (1.6.5)$$

值得注意的是,偏导数 $\partial u/\partial t, \partial v/\partial t, \partial w/\partial t$ 是在保持 x,r,θ 不变的条件下,u,v, w 相对于时间的变化率,并且这些导数不代表流体微元在 x,r,θ 处的加速度分量。它们仅代表加速度的一部分。以欧拉速度形式表示流体微元的全加速度不仅取决于这些速度对于时间的偏导数,还取决于该点的速度梯度。简而言之,加速度由这些速度对时间的全导数给出,也称为这些速度的迁移导数。

1.7 血液是牛顿流体吗

流体抵抗变形率的方式是控制流体行为基本方程的属性。简单起见,如果我们只考虑一个方向上的变形率,如图 1.4.1 所示,那么接下来的问题是表示阻力的剪切应力 τ 和代表这种情况下变形率相应的速度梯度 du/dy 之间的关系。最常用的关系式是线性的,其具有的比例常数 μ 被称为黏度系数,它的值是流体的特性,也就是

$$\tau = \mu \frac{du}{dy} \qquad (1.7.1)$$

这个关系式由牛顿(Newton)首先推导得到,行为与其一致的流体被称为牛顿流体[21, 22]。

许多常见流体均表现为牛顿流体,其中包括空气、水和油。很多其他流体,当变形率和速度梯度很小时,表现为牛顿流体;当速度梯度很大时,表现为非牛顿流体。理论研究已经得出结论,事实上,公式(1.7.1)中的线性关系只是小变形率条件下的近似值,但具有广泛的有效性。在理论和实验研究中也探索了其他关系。

血液是否为牛顿流体是一个存在已久的问题[23]。事实上,全血的细胞特性提出了它是否可以被视为连续统一体的问题,而血浆的特殊组成使其看起来与更常见的流体不同。毫无疑问,在一般情况和可能的全部状况下,血液不能被视为牛顿流体。更有意义的问题是在特定血液流动问题的研究中血液是否可以被视为牛顿流体。单独针对每种情况,考虑非牛顿效应在所研究现象中是否具有重要的作用是有意义的。

11

实际上,迄今为止我们在关于血流动力学的绝大多数认知中,大量的理解是通过把血液当作牛顿流体获得的,或者更准确地说,是通过使用剪切应力和速度梯度之间的牛顿关系式获得的。这并不是说血液是牛顿流体,而只是证明牛顿关系式对迄今为止所研究的大部分内容是适合的。毫无疑问,在产生异常高的速度梯度的极端条件下,如空间、深海旅行或意外撞击中,可能需要考虑到血液非牛顿行为继发效应的影响。另外,在接近血管树毛细血管的层面,血管直径与血液中离散的血细胞大小相当(图 1.7.1),血液连续模型及其牛顿行为假定显然已不再适用。但是,对于更常见的血液流动问题,如血液循环、心脏的整体动力学以及血管阻塞物周围流动和通过血管连接处流动的局部动力学问题中,牛顿模型对其中最关键的部分迄今已证明是足够的。

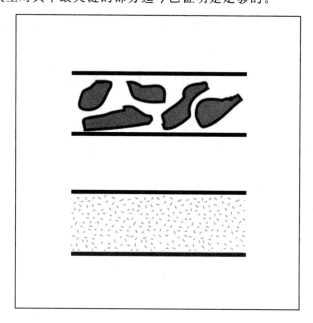

图 1.7.1　血液是牛顿流体吗？这个问题很大程度上与血液流动通道的直径有关。当直径与血液微粒结构的尺度(顶部图)相当时,牛顿流体的假设(实际上是血液作为连续体的假设)显然是站不住脚的。但是,当直径较微粒尺度(底部图)大很多时,两种假设都相当充分

需要特别说明的是,尽管一些研究已经考虑了脉动流动的非牛顿流体特性,但在剪切应力和速度梯度之间牛顿关系的基础上,已经实现了对脉动流动力学的基本认知。在本书中,我们将只关注牛顿流体脉动流的基本特性。这些特性为处理更复杂情况提供了必需的基本理解。事实上,这为更复杂的案例提供了一个可以用于对比的必要参考。

1.8　无滑移边界条件

　　流体黏性的一个基本结论是流体流动时,流场内任意点的速度都不会有"阶跃"式的变化。其原因在于,某点处的速度梯度是流体微元在该点处变形率的量度,其受到流体黏度的阻碍。因此需要作用力来保持速度梯度,而梯度越大,作用力越大,如式(1.7.1)所示。流场中某一点处速度的阶跃变化意味着该点处的速度梯度无限大,这是不可能的,因为维持它所需的作用力也必须是无限大的。

　　特别地,在流体和固体边界(图1.8.1)的界面处,如在管道的内壁处,与壁面接触流体的速度必须与管壁的速度相同,否则在接触点上就会出现速度的"阶跃"变化。 这种所谓的"无滑移边界条件"是任何黏性流动分析都必须满足的基本条件。对于管道内流动来说,这意味着流体不会像子弹或球体那样简单地"滑"动。相反,与管壁接触的流体根本不移动,因为它相对于壁面速度必须是 0,并且越远离壁面的流体以与距离壁面流体的距离相应的速度移动,管道

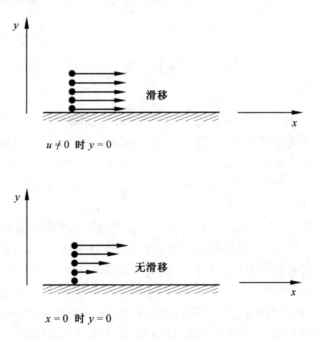

图 1.8.1　在固体流体界面处无滑移边界条件。黏度不允许流体滑过固体边界,与边界接触的流体必须具有 0 速度,并且相邻流体微元的速度必须平稳地变化,以在壁处达到该值

内沿着轴线流动的流体具有最大速度。管道中心处的最大速度和管壁处的 0 速度必须通过平滑剖面连接,并且在任何点处都不会发生"阶跃"变化。

管壁无滑移条件是管道内流动需要泵送功率来维持的原因。在没有这种条件的情况下,流体将能够像球体一样滑动,并且在稳态流动条件下不需要能量来驱动。在无滑移条件下,为了保持管壁处不可避免的速度梯度,需要泵送功率。随着流量增加,功率也会增加,因为这会增加壁面处的速度梯度。对于更高的黏度系数,功率也更高,更大黏度的流体需要更高的泵送功率来驱动其管道内流动。

在过去的一些研究中,探索了血管内壁血液和内皮组织之间部分滑移的可能性,以试图解释血液在流入小直径血管时黏度明显下降的现象。这种现象被称为法－林(Fahraeus－Lindqvist)效应[24-27]。部分滑移会减少维持给定流量通过管道所需的泵送功率,因此如上所述等同于黏度系数的降低。然而,滑移或部分滑移并未得到直接证实。早期的观察发现红细胞沿着血管壁"打滑",这首先被认为是滑移,但很快就清楚地发现滑移一定发生在一薄层血浆上,起到润滑剂的作用。因此,无滑移条件存在于与血管壁接触的血浆,而不是观察的血红细胞。迄今为止,直接测量的血管内速度分布倾向于支持管壁处的无滑移条件。

1.9　层流和湍流

19 世纪后期,奥斯本·雷诺(Osborne Reynolds) 做出了一个关于管道内流动的重要发现[21, 22]。在一系列旨在研究流动基本特征的实验中,雷诺通过在管道入口处注入染料使流动可见,然后改变流动速度以查看它如何影响所观测到的现象。染料的注入具有"标记"流体微元的效果,以便可以观察到它们的后续过程。

雷诺发现,在低流速下,标记的流体微元产生的迹线非常明显,并且平行于管道的轴线。 然而,在较高的流速下,迹线变得越来越不稳定,最终破碎并导致染料在管道的整个横截面上扩散,迹线不再清晰可见。雷诺定义了他所观察到的两种不同类型的流动。今天,它们被广泛地称为"层流"和"湍流"流动。

后来,更先进的技术(这是雷诺当时所没有的)表明,在层流中,流体微元只在流动方向上运动,且在每个点的欧拉速度矢量方向上移动(图 1.9.1)。相反,在湍流中,流体微元在主要流动方向上移动时,会在所有方向上以高频率、小幅度随机脉动。因此,在湍流中,流体微元通常在主流方向上具有"平均"速度分量,再加上所有方向上的微小幅度脉动速度分量。这是在微观尺度上对分

脉动流物理学

子随机运动的一种有意义的再审视，它是在更宏观的尺度下，将流体作为流体
微元的连续体来处理。湍流的困难在于它发生的尺度已经是更大的宏观尺度，
而现在参与无规则运动的正是流体微元自身。

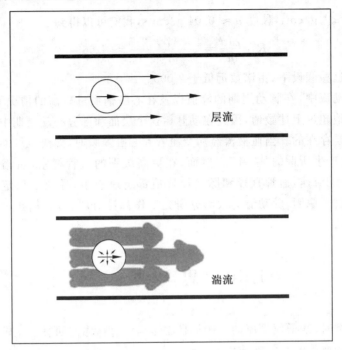

图 1.9.1　层流和湍流。在层流中，流体微元仅在主流方向上
移动。在湍流状态下，流体微元随主流方向运动并在各个方向
上随机脉动

　　雷诺发现，湍流的发生不仅取决于通过管道的平均流动速度 $\bar{u}$，还取决于
流体的密度 ρ 和黏度 μ 以及管道直径 d。他最重要的贡献是认识到湍流的发生
实际上并不单独取决于 $\bar{u}, \rho, \mu, d$，而是取决于它们的无量纲组合

$$R = \frac{\rho \bar{u} d}{\mu} \tag{1.9.1}$$

这就是如今众所周知的雷诺数。雷诺的实验表明，从层流到湍流的转变发生在
$R \approx 2\,000$。但从那时起，已经发现如果管道入口处的流动扰动和管壁的表面
粗糙度保持最小，则流动转变可以延迟到更高的雷诺数。目前的理解是，$R =$
$2\,000$ 是一个"下限"，低于该值即使受到干扰，流动也会保持在层流状态。在较
高的雷诺数下，流动变得越来越不稳定，并且可能受占据主导优势的不稳定条
件而变成湍流。

　　在血液流动中，主动脉中会出现最大流速，是因为流出心脏并输送到身体
其他部位。首先假设稳定流动，在直径约 2.5 cm、平均心脏输血量为 5 L/min

15

的人体主动脉中,平均速度由下式得到

$$\bar{u} = \frac{5\,000}{\pi \left(\frac{2.5}{2}\right)^2 \times 60} \approx 17 (\text{cm/s}) \tag{1.9.2}$$

取密度 $\rho \approx 1\ \text{g/cm}^3$,黏度 $\mu \approx 0.04\ \text{g/cm s}$,我们可以得到

$$R = \frac{\rho \bar{u} d}{\mu} = \frac{1 \times 17 \times 2.5}{0.04} \approx 1\,063 \tag{1.9.3}$$

这表明在这些假设下,雷诺数远低于 2 000。

在脉动流中,在脉动周期的峰值以及在心脏输血量较高的情况下,雷诺数可以显著地超过上述数值,因此在动脉树这个层面和部分心动周期中出现湍流的可能性是存在的。当血液流经病变血管和心脏瓣膜时,湍流也可能在局部发生,有时会产生所谓的"杂音"。然而,在更高级别的血管树中,雷诺数迅速减小,因为平均流速,血管直径和脉动流峰值都迅速减小,导致了稳定层流的条件。因为这个原因,脉动流的大部分研究工作都针对层流,我们在本书中遵循了这种做法。

1.10　思　考　题

1. 倾倒时,沙子似乎流动。沙子是流体吗?解释你的回答。比较和对比沙粒状结构和血液的红细胞结构。

2. 当毛细血管的直径小于 10 μm 时,以及当主动脉中血管直径约为 25 mm 时,讨论血液在血管中的流动情况。

3. 对于流体来说,想不使它流动是不太可能的。你能找出流体整体运动但不流动的情况吗?

4. 泊肃叶(Poiseuille)流动中的速度分布图是速度的图形表示,而不是特定的流体微元,是在管道特定位置处的横截面(图 3.4.1)。讨论所谓的"欧拉"法描述管道内流场的意义,以及使用它的原因。

5. 判断正误。

a. 当欧拉速度不是时间的函数时,流场中的加速度为 0。

b. 当欧拉速度不是位置函数时,流场中的加速度为 0。

c. 稳态流动时,流场中的加速度为 0。

d. 流动均匀时,流场中的加速度为 0。

6. 当在显微镜下首先观察到血管中的血流时,观察到红细胞沿着血管壁"滑动",因为它在管壁上,从而表明在血管壁处无须满足壁面非滑移条件。讨论对此说法的理解及其正确的可能性。

7. 定义管道内流动的雷诺数,并解释 $R = 2\,000$ 的意义。心血管系统中雷诺数可能会达到的范围?

参 考 资 料

[1] LaBarbera M, Vogel S, 1982. The design of fluid transport systems in organisms. American Scientist 70: 54-60.

[2] LaBarbera M, 1990. Principles of design of fluid transport systems in zoology. Science 249: 992-1000.

[3] LaBarbera M, 1991. Inner currents: How fluid dynamics channels natural selection. The Sciences Sept/Oct: 30-37.

[4] West GB, Brown JH, Enquist BJ, 1997. A general model for the origin of allometric scaling laws in biology. Science 276: 122-126.

[5] DeRobertis EDP, Nowinski NW, Saez FA, 1970. Cell Biology. Saunders, Philadelphia.

[6] Lyall F, EI Haj AJ, 1994. Biomechanics and Cells. Cambridge University Press, Cambridge.

[7] Congdon ED, 1922. Transformation of the aortic arch system during the development of the human embryo. Contributions to Embryology, Carnegie Institute of Washington 14: 47-110.

[8] Zamir M, Sinclair P, 1990. Continuum analysis of the common branching patterns in the human arch of the aorta. Anatomy and Embryology 181: 31-36.

[9] Frankel JP, 1957. Principles of the Properties of Materials. McGrawHill, New York.

[10] Long RR, 1961. Mechanics of Solids and Fluids. Prentice-Hall, Englewood Cliffs, New Jersey.

[11] Eisenstadt MM, 1971. Introduction to Mechanical Properties of Materials. Macmillan, New York.

[12] Batchelor GK, 1967. An Introduction to Fluid Dynamics. Cambridge University Press, Cambridge.

[13] Tabor D, 1991. Gases, Liquids, and Solids: and Other States of Matter. Cambridge University Press, Cambridge.

[14] Van Dyke M, 1982. An Album of Fluid Motion. Parabolic Press, Stanford, California.

[15] Nakayama Y, 1990. Visualized Flow. Pergamon Press, Oxford.

[16] Truesdell C, Toupin RA, 1960. The classical field theories. In: Flugge S (ed), Encyclopedia of Physics, Vol. 111/1: Principles of Classical Mechanics and Field Theory. Springer-Verlag, Berlin.

[17] Meriam JL, 1966. Dynamics. John Wiley, New York.

[18] Chorlton F, 1969. Textbook of Dynamics. Van Nostrand, Princeton, New Jersey.

[19]Moon PH，Spencer DE，1961. Field Theory for Engineers. Van Nostrand，Princeton，New Jersey.

[20]Curle N，Davies HJ，1968. Modern Fluid Dynamics：1. Incompressible Flow. Van Nostrand，Princeton，New Jersey.

[21]Rouse H，Ince S，1957. History of Hydraulics. Dover Publications，New York.

[22]Tokaty GA，1971. A History and Philosophy of Fluidmechanics. Foulis，Henley-on-Thames，Oxfordshire.

[23]Bergman LE，DeWitt KJ，Fernandez RC，Botwin MR，1971. Effect of non-Newtonian behaviour on volumetric flow rate for pulsatile flow of blood in a rigid tube. Journal of Biomechanics 4：229-231.

[24]Fahraeus R，Lindqvist T，1931. The viscosity of the blood in narrow capillary tubes. American Journal of Physiology 96：562-568.

[25]Cokelet GR，1966. Comments on the Fahraeus-Lindquist effect. Biorheology 4：123-126.

[26]Nubar Y，1971. Blood flow，slip，and viscometry. Biophysical Journal 11：252-264.

[27]Zamir M，1972. Blood flow，slip，and viscometry. Biophysical Journal 12：703-704.

脉动流物理学

流体流动方程

2.1 概　　述

一般而言,管道内稳态流动或脉动流动的控制方程仅仅是黏性流动控制方程的高度简化形式。通用方程所依据的定律以及简化方程使用的假设决定了该类控制方程及其导出结果的适用范围。因此,本章将致力于简要概述这些控制方程的推导方式。

关于更为通用的和详细的流体力学方程,有许多极为优秀的书籍可供参考,在其中选出少量与本章内容相关的,列在本章末尾的参考资料[1-9],供读者进一步阅读。

本章内容极其重要,不仅是因为控制方程基于的各项假设,而且因为推导方程的过程中详述了第1章讨论的关于流体机理的问题。在本章,我们将会看到如何使用数学方式处理上述问题。

2.2 点　方　程

管道内流动控制方程和流体流动控制方程通常为点方程,应用对象为流体内单独的某个点而不是流体整体。我们回顾第1章的讨论内容,在宏观尺度上,这些点就是质点,这实际代表了流体微元,如图2.2.1所示。因此,流体流动的控制方程即为流体微元的力学控制方程。

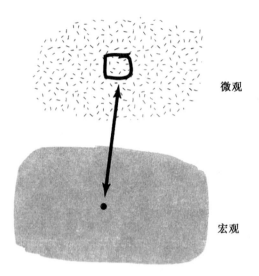

微观

宏观

图 2.2.1　微观尺度上的物质元素变成宏观尺度上的
"点"。因此,控制流体元件力学的方程在宏观尺度上变成
了"点方程"。它们在宏观尺度上控制着流场中每个点的
条件

　　将流体微元以一种非常通用的方式进行处理,是表示流体控制方程过程
中的重要挑战之一。无论是流体的特性,还是流体的质量、尺寸或者形状都是
未知的或不明确的。作为代替,流体微元的假定质量 m 除以假定体积 v,得到
了密度 ρ,而且,由于使用宏观尺度上的一个点代表流体微元,由此方法得到的
密度也就是一个点的密度。

　　一个点处的密度的概念是流体力学控制方程推导的核心,第一个原因是在
未明确质量和体积的条件下,使采用通用方式处理流体微元成为可能;第二个
原因是它为宏观和微观尺度提供了重要的连接纽带。因此,流场中某一点$(x,$
$r,\theta)$ 的密度是宏观尺度上质点代表的"一团分子"的平均密度。该密度并不是
基于分子的数量定义,而是通过考虑更大的一团分子并使之缩小到质点的大小
来定义,即该团分子在宏观尺度上可以收缩的极限。

　　在宏观尺度角度,考虑点(x,r,θ)周围的流体体积 V 和质量 M,由于较大
的体积缩小至流体微团的尺寸(图 2.2.2)我们通过取 M/V 的极限来定义该点
的密度,即

$$\rho(x,r,\theta) = \lim_{V \to \theta} \left(\frac{M}{V} \right) = \frac{m}{v} \qquad (2.2.1)$$

　　尽管 V 只能趋近于 v,但极限写为 $V \to 0$,该方法合理是因为流体微元体积
v 在宏观尺度下为 0。在宏观尺度上,某一点的极限就是到该点流体微元的极
限。就控制流场中不同位置流体微元的力学特性意义而言,流体力学控制方程

20

为点方程。

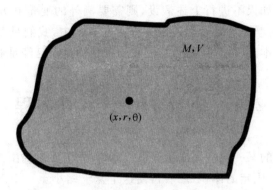

图 2.2.2　"点密度"的含义：围绕点 (x,r,θ) 的质量为 M，体积为 V 的流体在该点处体积为流体微团的大小，在极限中，当液体收缩时，密度 $\dfrac{M}{V}$ 变为流体微团在 (x,r,θ) 处的密度，因此，一点处二点密度就是流经该点处的流体微团的密度

2.3　方程和未知量

流体流动方程来源于流体微元的质量和动量守恒定律。首先，要求流体微元的质量恒定；其次，要求其动量遵守牛顿运动定律。因为质量是一种标量，而动量是矢量，所以质量守恒的要求是提供一个方程，动量守恒的要求是提供三个方程。

这四个方程允许存在四个未知量，未知量的选择需要满足实际意义。通常，选择压力 p 以及三个速度分量 u,v,w 作为未知数，选择欧拉方法而不是拉格朗日方法，选择的原因已在第 1 章进行讨论。u,v,w,p 四个未知量在控制方程中是因变量，因为它们均是位置和时间的函数，这种变量的基本选择提供了每个时刻流场中各点处速度和压力的图谱。

变量的选择不仅要有利于为流场提供准确的描述，而且要求这些变量在实际中易于理解，容易测量。相比之下，运用质量守恒以及牛顿运动定律描述流体微元的质量、加速度以及作用在其上的力。这些变量在实际中不易理解而且并没有很好地描述流场。因此，我们将以更为容易理解的 p,u,v,w 作为变量描述上述定律，尽管这使得方程分析（相比 1.6 节中的方程）更为复杂。构建流体流动控制方程面临的主要挑战是如何用压力和速度表达定律中的质量、加速度以及作用力。

之前的讨论内容假设流体密度 ρ 和黏度 μ 为常数,不随流场中的不同位置以及时间变化。如果不进行上述假设,则需要额外的变量和方程来封闭方程组,将会增加热力学状态方程和能量方程。在本书中,我们只考虑四个方程和四个未知数的基本方程组,这对于描述和分析脉动流动已经足够充分。

2.4　质量守恒:连续性方程

对于流场中的某一点应用质量守恒定律,首先以该点周围封闭几何体的形式,将流场考虑为固定的体积,之后再使这个盒子缩小至一个点。在柱面极坐标系统中,选择沿坐标轴的增量 δx, δr, $\delta\theta$ 描述盒子的几何形状,如图 2.4.1 所示。该盒子的体积约为

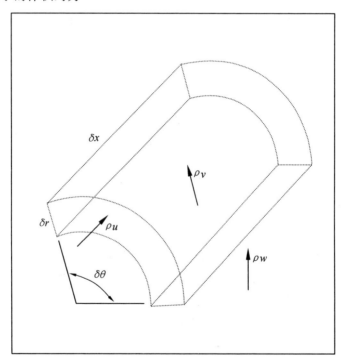

图 2.4.1　质量守恒。进入由坐标表面形成的控制体三侧均存在质量流速,如果以相同的流速通过相对的三个侧面离开控制体,控制体内的净质量变化为 0,但是在通常情况下,由于速度或密度的变化离开的质量速率会有所不同。按照质量守恒方程,流入和流出控制体的质量流量之差等于控制体内流体质量的变化率。若当控制体体积缩小到一个点时,上述条件变为"在一点上"的质量守恒方程

22

$$V \approx r\delta x \delta r \delta \theta \qquad (2.4.1)$$

该体积内包含的质量为

$$M \approx \rho V \qquad (2.4.2)$$

其中 ρ 为密度,在该几何体中密度可能会变化,所以用约等号表示近似。

　　流体质量只在其流入或流出控制体的不同面时发生变化,这是因为这些面与坐标平面重合,每个面只与一个速度分量垂直,另外两个分量与该面相切,因此对流过的质量并无影响。

　　由三个面流入的质量如图 2.4.1 所示,在与此相对的三个面上,如果流出的流体质量相等,那么控制体内的净质量无变化。更一般的情况,由于速度或密度的变化,流体的流出量与流入量并不相同。

　　在 x 方向,进出控制体的流动平衡方程由下式描述

$$\rho u r \delta \theta \delta r - \left(\rho u + \frac{\partial (\rho u)}{\partial x} \delta x \right) r \delta \theta \delta r \approx -\frac{\partial (\rho u)}{\partial x} r \delta \theta \delta r \delta x \qquad (2.4.3)$$

　　由于控制体面上密度或速度可能会发生变化,该式为约等关系,式子右边表示净流入控制体的质量,如果右侧的梯度值为正,那么代表质量净流出。同样,在 θ 和 r 方向上,平衡方程分别为

$$\rho w \delta x \delta r - \left(\rho w + \frac{\partial (\rho w)}{\partial \theta} \delta \theta \right) \delta x \delta r \approx -\frac{\partial (\rho w)}{\partial \theta} \delta \theta \delta r \delta x \qquad (2.4.4)$$

$$\rho v r \delta \theta \delta x - \left(\rho v + \frac{\partial (\rho v)}{\partial r} \delta r \right) (r + \delta r) \delta \theta \delta x$$

$$\approx -\rho v \delta r \delta \theta \delta x - \frac{\partial (\rho v)}{\partial r} r \delta \theta \delta r \delta x \qquad (2.4.5)$$

　　质量守恒要求质量流动的总净值变化等于控制体内质量的变化率,即

$$-\left\{ \frac{\partial (\rho u)}{\partial x} + \frac{\partial (\rho v)}{\partial r} + \frac{\rho v}{r} + \frac{1}{r} \frac{\partial (\rho w)}{\partial \theta} \right\} r \delta \theta \delta r \delta x$$

$$\approx \frac{\partial M}{\partial t}$$

$$= \frac{\partial \rho}{\partial t} r \delta \theta \delta r \delta x \qquad (2.4.6)$$

式子两边都有控制体的体积这一因子,可以消去。而且,由于控制体将缩小至一点,密度和速度将变为该点的密度 ρ 和速度 u, v, w,因此变为确切的等式,得到

$$\frac{\partial \rho}{\partial t} + \frac{\partial (\rho u)}{\partial x} + \frac{\partial (\rho v)}{\partial r} + \frac{\rho v}{r} + \frac{1}{r} \frac{\partial (\rho w)}{\partial \theta} = 0 \qquad (2.4.7)$$

最终,如果密度不随流场中不同点或时间而变化,方程可以简化为

$$\frac{\partial u}{\partial x} + \frac{\partial v}{\partial r} + \frac{v}{r} + \frac{1}{r} \frac{\partial w}{\partial \theta} = 0 \qquad (2.4.8)$$

23

尽管很少提到这个方程,但该方程代表了流场中某一点的质量守恒,其更为普遍的名称为连续性方程,因为它是基于宏观流体微元的连续性假设,因为只有基于这个假设,方程才能成立。

既然宏观尺度上某一点代表流体微元,则方程的连续性代表流体微元的质量守恒。值得注意的是,方程(2.4.7)表达了质量守恒,但不包含任何流体微元的质量和体积,仅仅包含了某一点的密度,且密度为常数,方程简化形式(2.4.8)以欧拉速度分量的形式表达质量守恒,质量和密度均无涉及。

因为质量守恒是在所有情况中均应满足的基本物理规律,连续性方程是流体流动问题分析的基础,且必须是任意真实流体流动控制方程组的一部分。

2.5 动 量 方 程

对流体微元的动量应用牛顿运动定律,表示微元质量乘以加速度等于全部施加在其上作用力的合力。如果 m 代表质量,a_x,a_r,a_θ 分别代表 x,r,θ 三个方向的加速度分量,F_x,F_r,F_θ 代表相应的合力分量,那么运动方程有如下表达形式

$$\begin{cases} ma_x = F_x \\ ma_r = F_r \\ ma_\theta = F_\theta \end{cases} \qquad (2.5.1)$$

如果每一个方程都除以流体微元的体积,方程左边的质量变为某一点的密度 ρ,右边的作用力则变为单位体积的作用力,可以写为 $f_x = F_x/v, f_r = F_r/v, f_\theta = F_\theta/v$,方程变为如下形式

$$\begin{cases} \rho a_x = f_x \\ \rho a_r = f_r \\ \rho a_\theta = f_\theta \end{cases} \qquad (2.5.2)$$

正如连续性方程的情况一样,这些方程表达了流场中某一点外的状态。该状态应用于某一点处的流体微元,方程中既不包含微元的质量也不包含微元的体积。

这种形式的运动方程十分合理,然而,因为方程(2.5.2)右边的作用力项不易得到,所以方程并不易于使用。我们应当意识到,作用在流体微元上的力来源于具有内部应力的复杂系统,在实际中很难获得且很难测量,因此并不适合作为运动方程中的变量,所以接下来的挑战就变为如何使用之前选择的变量,欧拉速度分量和压力来表达 f_x,f_r,f_θ,将在本章余下的内容进行阐述。

2.6　流体微元上的作用力

　　流场中的一个典型流体微元被其相邻的微元在所有方向环绕。共有两种力作用其上,一种是界面力,产生自相邻的微元并施加在上述微元界面,另外一种是体积力,由远场的作用力施加并直接作用于微元质量(整体)。

　　例如,源于重力或磁力场的体积力。既然这些力直接作用于微元质量上,其表达式为质量 m 乘以由作用场引起加速度的乘积。由于其不影响我们对脉动流动的基本理解,因此在本书中,我们将不再讨论这类作用力。而且,在流场中出现体积力,其趋向以主要驱动力的形式出现,以提供保持流动的能力,如河流流动这一情况。而在生理学流动问题和更为普遍的管道内流动中,驱动力一般为压力,压力是界面力复杂系统的一部分,将在后续进行讨论。

　　压力实际上是一种典型的界面力,它通过流场由一个流体微元传输至与之直接作用的每一个流体微元。另外一种界面力是产生自速度梯度的剪切应力(如 1.7 节所述),它是一个速度分量在一个方向上引起界面力的简单情况。更为普遍的是,三个速度分量的每一个都会在三个坐标方向上产生梯度,如此便形成了作用于流体微元界面上的复杂剪切作用力系统。

　　为了研究这个系统,我们再一次考虑流场中流体微元外包围的几何体,如 2.4 节所述,此时仅考虑在几何体六个面中每一个面上的作用力。通常在每一个面上有三个作用力,一个是垂直于界面的法向作用力,另外两个是与该界面相切的切向作用力。几何体三个面上的作用力由图 2.6.1 所示。切向作用力用 τ 表示,法向作用力用 σ 表示。第一个下标表示作用力所施加表面的法向,第二个下标表示作用力本身的作用方向。所示的作用力实际上是作用于单位面积的作用力,所以将这些作用力称为应力更合理,而作用于各个面的应力系统通常被称为应力张量,并且各个应力被称为它的分量。

　　实际作用力产生自各应力分量,是应力和其作用面面积的乘积。例如,垂直于 x 轴的表面面积是 $r\delta\theta\delta r$,因此作用于该表面上的 r 方向上的作用力约为 $\tau_{xr}r\delta\theta\delta r$,$\theta$ 方向上的作用力约为 $\tau_{x\theta}r\delta\theta\delta r$,$x$ 方向上的作用力约为 $\delta_{xx}r\delta\theta\delta r$。这些表达式是估计值,因为切向作用力 τ 和法向作用力 σ 在各个表面可能会不同。于是如果作用在三个面上的全部作用力分别以 x,r,θ 方向分组,近似得到

$$\begin{cases} \sigma_{xx}r\delta\theta\delta r + \tau_{rx}r\delta\theta\delta x + \tau_{\theta x}\delta r\delta x,\text{在 } x \text{ 方向} \\ \tau_{xr}r\delta\theta\delta r + \sigma_{rr}r\delta\theta\delta x + \tau_{\theta r}\delta r\delta x,\text{在 } r \text{ 方向} \\ \tau_{x\theta}r\delta\theta\delta r + \tau_{r\theta}r\delta\theta\delta x + \sigma_{\theta\theta}\delta r\delta x,\text{在 } \theta \text{ 方向} \end{cases} \qquad (2.6.1)$$

与之相对三个平面上的相应作用力一般来说是不同的,每个力与其对侧上相应

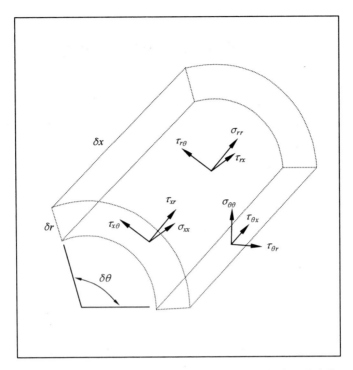

图 2.6.1 应力张量。边界上的应力作用在由坐标表面形成的控制体的三个侧面上。每一侧都要一个垂直于该侧的法向应力和两个与该侧相切的切向应力。法向应力用 $\sigma's$ 表示,法向应力用 $\tau's$ 表示,图中第一个下标表示应力作用面的法向,第二个下标表示该应力本身作用的方向。作用在相对的三个侧面上的应力不同,造成了控制体体积上的净力。当控制体收缩到一个点时,这个力变成了作用在"一点"上的净力,也就是说,作用在该点的流体微团上

作用力的差值通过作用力在两个侧面间增量距离上的增量变化给出,例如对于 σ_{xx},差值为

$$\left(\sigma_{xx}r\delta\theta\delta r + \frac{\partial(\sigma_{xx}r\delta\theta\delta r)}{\partial x}\delta x\right) - \sigma_{xx}r\delta\theta\delta r$$

$$\approx \frac{\partial(\sigma_{xx}r\delta\theta\delta r)}{\partial x}\delta x \tag{2.6.2}$$

所有差值的总和分别按三个方向归纳,给出作用在微元上的净界面力。这样,式(2.5.1)中作用力 F_x,F_r 和 F_θ 便可由下式给出

脉动流物理学

$$
\begin{cases}
F_x \approx \dfrac{\partial\,(\sigma_{xx}r\delta\theta\delta r\,)}{\partial x}\delta x + \dfrac{\partial\,(\tau_{rx}r\delta\theta\delta x\,)}{\partial r}\delta r + \dfrac{\partial\,(\tau_{\theta x}\delta r\delta x\,)}{\partial\theta}\delta\theta \\[2mm]
F_r \approx \dfrac{\partial\,(\tau_{xr}r\delta\theta\delta r\,)}{\partial x}\delta x + \dfrac{\partial\,(\sigma_{rr}r\delta\theta\delta x\,)}{\partial r}\delta r + \dfrac{\partial\,(\tau_{\theta r}\delta r\delta x\,)}{\partial\theta}\delta\theta \\[2mm]
F_\theta \approx \dfrac{\partial\,(\tau_{x\theta}r\delta\theta\delta r\,)}{\partial x}\delta x + \dfrac{\partial\,(\tau_{r\theta}r\delta\theta\delta x\,)}{\partial r}\delta r + \dfrac{\partial\,(\sigma_{\theta\theta}\delta r\delta x\,)}{\partial\theta}\delta\theta
\end{cases} \tag{2.6.3}
$$

分别除以微元体积 $V = r\delta\theta\delta r\delta x$，当 $V \to 0$ 时，便可以得到方程(2.5.2)中的单位体积作用力 f_x, f_r, f_θ，结果由式(2.6.4)给出

$$
\begin{cases}
f_x = \dfrac{\partial\sigma_{xx}}{\partial x} + \dfrac{\partial\tau_{rx}}{\partial r} + \dfrac{\tau_{rx}}{r} + \dfrac{1}{r}\dfrac{\partial\tau_{\theta x}}{\partial\theta} \\[2mm]
f_r = \dfrac{\partial\tau_{xr}}{\partial x} + \dfrac{\partial\sigma_{rr}}{\partial r} + \dfrac{\sigma_{rr}}{r} + \dfrac{1}{r}\dfrac{\partial\tau_{\theta r}}{\partial\theta} \\[2mm]
f_\theta = \dfrac{\partial\tau_{x\theta}}{\partial x} + \dfrac{\partial\tau_{r\theta}}{\partial r} + \dfrac{\tau_{r\theta}}{r} + \dfrac{1}{r}\dfrac{\partial\sigma_{\theta\theta}}{\partial\theta}
\end{cases} \tag{2.6.4}
$$

此时等式不再为约等式，因为应用于某一点且涉及的所有函数的值均在该点有确切值。

2.7　扩展牛顿关系式:本构方程

在 1.7 节中讨论的牛顿关系式是基于一个速度梯度和一个剪切应力 τ。更为普遍的情况是，流场中三个速度分量在每个坐标方向都拥有梯度，并且数量和前一节描述的流体微元界面上的剪切应力一样多。对于一种特定的流体，速度梯度与剪切应力的关系是流体的一种定义特性，即所谓的本构方程。对于牛顿流体的情况，远比 1.7 节中描述的更为复杂，但其本构方程依然是线性关系。剪切应力和速度梯度呈线性关系是牛顿流体本构方程的典型特征。

一般来说，本构方程是基于理论和实际数据的组合关系式。对于许多常见的流体，当速度梯度不大时，遵循下列方程

$$
\begin{cases}
\sigma_{xx} = -p + 2\mu\left(\dfrac{\partial u}{\partial x}\right) \\[2mm]
\sigma_{rr} = -p + 2\mu\left(\dfrac{\partial v}{\partial r}\right) \\[2mm]
\sigma_{\theta\theta} = -p + 2\mu\left(\dfrac{1}{r}\dfrac{\partial w}{\partial\theta} + \dfrac{v}{r}\right) \\[2mm]
\tau_{xr} = \tau_{rx} = \mu\left(\dfrac{\partial u}{\partial r} + \dfrac{\partial v}{\partial x}\right) \\[2mm]
\tau_{x\theta} = \tau_{\theta x} = \mu\left(\dfrac{\partial w}{\partial x} + \dfrac{1}{r}\dfrac{\partial u}{\partial\theta}\right)
\end{cases} \tag{2.7.1}
$$

$$\tau_{r\theta} = \tau_{\theta r} = \mu\left(\frac{\partial w}{\partial r} - \frac{w}{r} + \frac{1}{r}\frac{\partial v}{\partial \theta}\right) \qquad (2.7.2)$$

很难对本构方程进行直接证实。更为通用的情况是,通过将其作为流体流动的基本方程进行间接验证。正如我们在下一节中所做的那样。随后针对给定的流动情况求解方程,并将解与实验直接比较。当然,这种间接验证不会证明本构方程的假设,因此在这一点上识别这些假设很重要。

　　核心假设是剪切应力和速度梯度之间线性的关系。众所周知,这只是小速度梯度的近似,但其有效范围似乎相当广泛。基于牛顿流体本构方程,流体流动方程的解已经应用于大多数常见流体,并且多年来已成功地进行了实验验证。尽管可以质疑血液的牛顿特征,但这些方程已成功地模拟了许多血流的问题。特别是,我们在本书中使用的脉动流经典解决方案也是基于牛顿流体本构方程的。

　　第二个重要问题涉及本构方程中出现的压力 p。严格来说,压力是热力学性质,它受到静止流体热力学定律的约束。在该状态下,压力表示在流体微元边界的法线方向上起作用并且与该边界取向无关的力。上面的本构方程与这种状态一致,因为当流体处于静止状态时($u \equiv v \equiv w \equiv 0$),它们会简化为

$$\sigma_{xx} = \sigma_{rr} = \sigma_{\theta\theta} = -p \qquad (2.7.3)$$

因此,在这种状态下,热力学压力用应力张量的法向分量来识别。产生负号是因为法向应力被定义为外法线方向为正,而热力学中压力在向内法线方向上被定义为正。

　　然而,当流体运动时,法向应力彼此不再相等,并且压力的热力学概念实际上不再适用。为克服这一困难,假设移动流体中的压力等于法向应力的平均值,即

$$p = -\frac{(\sigma_{xx} + \sigma_{rr} + \sigma_{\theta\theta})}{3} \qquad (2.7.4)$$

本构方程基于这个假设,可以通过添加方程(2.7.1)然后使用连续性方程来进行验证。

　　这种所谓"压力的力学定义"中固有的假设首先由斯托克斯(Stokes)提出,并且正是基于这一假设,热力学压力 p 出现在本构方程中,随后出现在运动方程中。

　　最后,本构方程假设应力张量是对称的,即

$$\tau_{xr} = \tau_{rx}, \tau_{r\theta} = \tau_{\theta r}, \tau_{x\theta} = \tau_{\theta x} \qquad (2.7.5)$$

并且这也被认为是近似值,但是在正常情况下可以很好地使用。应力张量不对称将导致流体微元产生旋转作用的力。对称性假设是基于正常流动条件下发现这种力不存在的事实。它们需要外部力场来提供,例如静电场,并且在没有外部力场的情况下,流体将不支持应力张量分量的不对称性。

28

2.8　纳维－斯托克斯方程

前面两节中,我们讨论了流体微元的加速度及其边界作用力系统,现在可以完成 2.5 节中的流体微元的牛顿运动定律。此时,将方程(1.6.5)中的加速度项和方程(2.6.4)(2.7.1)(2.7.2)中的界面力代入方程(2.5.2),我们便得到了众所周知的纳维－斯托克斯方程,它以第一作者命名。方程有时也被称为动量方程,因为它们实际上控制了流体微元的动量

$$\rho\left(\frac{\partial u}{\partial t} + u\frac{\partial u}{\partial x} + v\frac{\partial u}{\partial r} + \frac{w}{r}\frac{\partial u}{\partial \theta}\right) + \frac{\partial p}{\partial x}$$

$$= \mu\left(\frac{\partial^2 u}{\partial x^2} + \frac{\partial^2 u}{\partial r^2} + \frac{1}{r}\frac{\partial u}{\partial r} + \frac{1}{r^2}\frac{\partial^2 u}{\partial \theta^2}\right) \tag{2.8.1}$$

$$\rho\left(\frac{\partial v}{\partial t} + u\frac{\partial v}{\partial x} + v\frac{\partial v}{\partial r} + \frac{w}{r}\frac{\partial v}{\partial \theta} - \frac{w^2}{r}\right) + \frac{\partial p}{\partial r}$$

$$= \mu\left(\frac{\partial^2 v}{\partial x^2} + \frac{\partial^2 v}{\partial r^2} + \frac{1}{r}\frac{\partial v}{\partial r} - \frac{v}{r^2} + \frac{1}{r^2}\frac{\partial^2 v}{\partial \theta^2} - \frac{2}{r^2}\frac{\partial w}{\partial \theta}\right) \tag{2.8.2}$$

$$\rho\left(\frac{\partial w}{\partial t} + u\frac{\partial w}{\partial x} + v\frac{\partial w}{\partial r} + \frac{w}{r}\frac{\partial w}{\partial \theta} + \frac{vw}{r}\right) + \frac{1}{r}\frac{\partial p}{\partial \theta}$$

$$= \mu\left(\frac{\partial^2 w}{\partial x^2} + \frac{\partial^2 w}{\partial r^2} + \frac{1}{r}\frac{\partial w}{\partial r} - \frac{w}{r^2} + \frac{1}{r^2}\frac{\partial^2 w}{\partial \theta^2} + \frac{2}{r^2}\frac{\partial v}{\partial \theta}\right) \tag{2.8.3}$$

这三个方程以及 2.4 节中得到的连续性方程(2.4.8)构成了一个控制各种流体流动问题的基本方程组。

纳维－斯托克斯方程和连续性方程控制流体微元的质量、动量和加速度以及作用力,但这些参量实际上都没有出现在方程中。相反,它们都是用三个欧拉速度分量 u,v,w 和压力 p 表示的。因此,方程组的解提供了流场中速度和压力分布的信息,通常我们更加关注这些具有实际意义的变量。

需要重点记住的是,运动方程适用于流场中的某个点,也就是说,它们仅适用于流体的一个微元。正是这些方程的解最终提供了关于流场和流体整体的信息。在求解过程中,方程组通常补充无滑移边界条件,该条件适用于流体和任何固体边界之间的界面。例如,对于管道内流动,方程组需要补充管壁处的无滑动条件。

最后,完整形式的方程组具有很强的通用性。在许多情况下,它们可以通过专用于特定流场来简化,而且坐标系选择是方程特异化的重要因素。本书选择的圆柱极坐标系,特别适用于管道内流动,它极大地促进了简化控制方程的过程,因为它专门用于这种特定流动,现在我们转而具体讨论这个过程的细节。

2.9 思 考 题

1. 说出控制流体流动的方程所依据的一般物理定律有哪些？

2. 解释流体流动方程是"点方程"的含义。

3. 当密度恒定时，由方程(2.4.8)表示的质量守恒定律不包含质量或密度，试推导方程(2.4.8)。

4. 流体流动方程所依据的物理定律要求流体中每个微团的质量和物性，因为这些定律适用于特定的物质对象。但是解释方程的最终形式(2.8.1 — 2.8.3)既不包含单个微团的质量也不包含单个微团的物性。试推导该方程。

5. 解释边界应力和可能作用在流场中流体微团上的体积力之间的差异。给出每种情况的例子，并针对管内流动的过程给出分析与讨论。

6. 确定作用于管壁的阻碍管内流动的黏滞力应力张量的分量，该应力由下式给出的条件 $\tau = \mu \dfrac{\partial u}{\partial t}$，$u$ 是轴向上的速度，r 是柱坐标，μ 是动力黏度。

7. 在第一个 Navier-Stokes 方程(2.8.1)中，确定了"力 = 质量 × 加速度"的形式，从而确定了表示方程中三个元素的项。请写出这些项分别代表什么？

8. 写下直角笛卡尔坐标 x, y, z 中的 Navier-Stokes 方程和连续性方程以及相应的速度分量 u, v, w，从而显示这些方程与圆柱极坐标中的相应方程之间的差异，方程(2.8.1 — 2.8.3, 2.4.8)。

2.10 参 考 资 料

[1] Batchelor GK, 1967. An Introduction to Fluid Dynamics. Cambridge University Press, Cambridge.

[2] Curle N, Davies HJ, 1968. Modern fluid Dynamics: I. Incompressible Flow. Van Nostrand, Princeton, New Jersey.

[3] Duncan WJ, Thom AS, Young AD, 1970. Mechanics of Fluids. Edward Arnold, London.

[4] McCormack PD, Crane L, 1973. Physical Fluid Dynamics. Academic Press, New York.

[5] Munson BR, Young DF, Okiishi TH, 1990. Fundamentals of Fluid Mechanics. John Wiley, New York.

[6] Panton RL, 1984. Incompressible Flow. John Wiley, New York.

[7] Rosenhead L, 1963. Laminar Boundary Layers. Oxford University Press, Oxford.

[8] Schlichting H, 1979. Boundary Layer Theory. McGraw-Hill, New York.

[9] Tritton DJ, 1988. Physical Fluid Dynamics. Clarendon Press, Oxford.

管道内稳态流动

3.1 概　　述

当流体进入管道时,管壁的无滑移边界条件阻止流体微元与壁面接触;流体微元沿着管道轴线向前运动时,受该条件影响较小。由于流体的黏度不允许在流场中的任何地方发生阶跃速度变化,所以形成平滑的速度分布从而将沿管道轴线快速移动的流体与管壁处的静止流体结合。

在管道入口处,实际上只有与管壁接触的流体会受到无滑移边界条件的影响,因此速度分布为一条直线,代表沿管道均匀流动的大部分流体;直线迅速下降并在壁面附近平滑地归0。然而,越到下游,在管壁上滞留的流体层使另一侧与其接触的流体层速度减慢,并且这种效应会向远离壁面的方向逐渐发展,这实际上是由于管壁上的黏性耗散会产生能量损失。因此,无滑移边界条件的影响区域越来越远离壁面,导致速度分布变得越来越接近圆形。

当壁面效应影响到管道的整个横截面时,速度分布曲线达到平衡并且不会进一步改变。这部分流场称为"充分发展"区域,而之前的部分称为"入口流动"区域(图 3.1.1)。

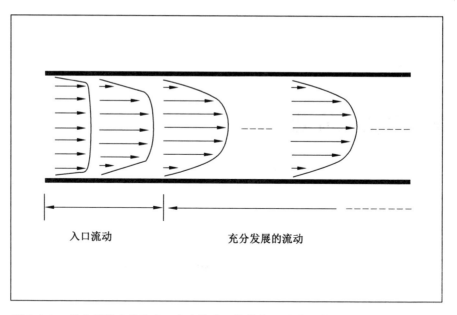

图 3.1.1　进入管道内的流动。当流体进入管道时,只有靠近管壁或与其接触的流体
受到无滑移边界条件的影响。然而,随着流动向下游发展,壁面影响区域增大,最终导
致更圆的速度分布曲线。在这个区域的流动被称为"充分发展"区域,因为它已经达
到了最终形态,而在前面区域中形成的流动被称为"入口流动"区域

　　克服管壁黏滞损失和管道轴线惯性效应所需的能量消耗速率可以通过管
道两端之间的压差得到;或者在倾斜管道流中,通过直接作用于流体微元质量
上的体积力 —— 重力来得到。在生理学应用中,第一个方式更为恰当,因为血
流的物理过程更多地受到心脏唧送作用所产生压差的支配,而不是重力作用。

3.2　简化方程

　　在其最普遍的形式中,管道内流动需要完整的纳维-斯托克斯方程和连续
性方程,但是如果可以假定管道横截面是圆形的,管道是直的并且足够长,而且
如果只关注流动的充分发展区域,这些方程就可以大大简化。脉动流的经典解
基于高度简化的方程,在本节中,我们将介绍简化所基于的假设以及简化
步骤。

　　如果管道是直的且具有圆形横截面,在没有能引起流动旋转的任何外力的
情况下,流场将关于管道的纵向轴线对称,这使得速度的角分量和所有角方向
上的导数都为 0,即

32

$$w \equiv \frac{\partial w}{\partial \theta} \equiv \frac{\partial v}{\partial \theta} \equiv \frac{\partial u}{\partial \theta} \equiv \frac{\partial p}{\partial \theta} \equiv 0 \tag{3.2.1}$$

运动方程(2.8.3)中 w 的所有项都等于 0,其他两个方程连同连续性方程(方程(2.8.1),(2.4.8))可简化为

$$\rho\left(\frac{\partial u}{\partial t} + u\frac{\partial u}{\partial x} + v\frac{\partial u}{\partial r}\right) + \frac{\partial p}{\partial x} = \mu\left(\frac{\partial^2 u}{\partial x^2} + \frac{\partial^2 u}{\partial r^2} + \frac{1}{r}\frac{\partial u}{\partial r}\right) \tag{3.2.2}$$

$$\rho\left(\frac{\partial v}{\partial t} + u\frac{\partial v}{\partial x} + v\frac{\partial v}{\partial r}\right) + \frac{\partial p}{\partial r} = \mu\left(\frac{\partial^2 v}{\partial x^2} + \frac{\partial^2 v}{\partial r^2} + \frac{1}{r}\frac{\partial v}{\partial r} - \frac{v}{r^2}\right) \tag{3.2.3}$$

$$\frac{\partial u}{\partial x} + \frac{\partial v}{\partial r} + \frac{v}{r} = 0 \tag{3.2.4}$$

如果现在将这些方程进一步限制在流动充分发展区域,那么根据定义

$$\frac{\partial u}{\partial x} \equiv \frac{\partial v}{\partial x} \equiv 0 \tag{3.2.5}$$

然后连续性方程会简化为

$$\frac{\partial v}{\partial r} + \frac{v}{r} = \frac{1}{r}\frac{\partial(rv)}{\partial r} = 0 \tag{3.2.6}$$

可以将其积分得到 $rv = $ 常数。由于管壁处的 v 必须为 $0(r = a)$,这个结果意味着速度的径向分量必须为 0,也就是说

$$v \equiv 0 \tag{3.2.7}$$

由于这个条件和方程(3.2.5)中的条件,连续性方程(方程(3.2.4))现在是相同的。出于同样的原因,运动方程(方程(3.2.3))中 v 的所有速度项现在都是 0,因此意味着

$$\frac{\partial p}{\partial r} \equiv 0 \tag{3.2.8}$$

在剩余的运动方程(方程(3.2.2))中,由于公式(3.2.5),x 方向中包含速度梯度的项为 0。由于公式(3.2.7)包含 v 的项是 0,因此方程简化为

$$\rho\frac{\partial u}{\partial t} + \frac{\partial p}{\partial x} = \mu\left(\frac{\partial^2 u}{\partial r^2} + \frac{1}{r}\frac{\partial u}{\partial r}\right) \tag{3.2.9}$$

这是控制方程的高度简化形式,充分发展的稳态和脉动流动的经典解即基于该形式。由于简化假设及其在方程(3.2.5)和(3.2.8)中的结果,方程(3.2.9)中的速度 u 现在只是 r 和 t 的函数,而压力 p 只是 x 和 t 的函数,也就是说

$$u = u(r, t), \quad p = p(x, t) \tag{3.2.10}$$

需要注意的是,沿着管道轴向变化的是压力而不是速度,唯一方法是管道是刚性的。如果管道不是刚性的,局部压力变化会导致管道横截面局部变化,从而导致速度变化。

3.3 稳态解:泊肃叶流动

如果驱动管道内流动的压差不是时间的函数,则管道内的速度场也将与时间无关,稳态流动占优势,方程(3.2.10)变为

$$u = u_s(r) \, , p = p_s(x) \tag{3.3.1}$$

其中,速度和压力用下标 s 作为该稳态参考来识别。我们再次回顾,同时满足这两个条件的唯一方法是管道是刚性的。方程(3.2.9)中的时间导数项现在为 0,其余导数变为常导数;因此方程简化为

$$\frac{\mathrm{d}p_s}{\mathrm{d}x} = \mu\Big(\frac{\mathrm{d}^2 u_s}{\mathrm{d}r^2} + \frac{1}{r}\frac{\mathrm{d}u_s}{\mathrm{d}r}\Big) \tag{3.3.2}$$

该流动的一个重要特征是其控制方程与密度 ρ 无关。原因是加速度项现在为 0。方程中其余项表示仅有驱动压力与黏性阻力之间力的平衡。

在方程(3.3.2)中,左侧项只是 x 的函数,而右侧项只是 r 的函数。通常可以满足等式的唯一方法是使两边都等于常数,比如 k_s,因此

$$\frac{\mathrm{d}p_s}{\mathrm{d}x} = k_s \tag{3.3.3}$$

$$\mu\Big(\frac{\mathrm{d}^2 u_s}{\mathrm{d}r^2} + \frac{1}{r}\frac{\mathrm{d}u_s}{\mathrm{d}r}\Big) = k_s \tag{3.3.4}$$

求解第一个方程,得出

$$p_s(x) = p_s(0) + k_s x \tag{3.3.5}$$

其中 x 是距离管道入口的轴向距离。如果管道的出口位于 $x = l$,那么常数 k_s 可以由下式给出

$$k_s = \frac{p_s(l) - p_s(0)}{l} \tag{3.3.6}$$

求解第二个方程,得出

$$u_s(r) = \frac{k_s}{4\mu}r^2 + A\ln r + B \tag{3.3.7}$$

其中 A, B 是积分常数。求这两个参数的两个边界条件是管壁无滑移和管道中心处的有限速度,即

$$u_s(a) = 0 \, , |u_s(0)| < \infty \tag{3.3.8}$$

这给出

$$A = 0 \, , B = -\frac{k_s a^2}{4\mu} \tag{3.3.9}$$

有了这些值,方程的解变为以下最终形式

34

$$u_s = \frac{k_s}{4\mu}(r^2 - a^2) \qquad\qquad (3.3.10)$$

这就是管道内流动的经典解,在参考资料[1,2]的第一作者之后,该流动通常被称为泊肃叶流动。

3.4　泊肃叶流动的性质

在前一部分得到的速度分布具有抛物线形式的特征,这通常与管道内流动相关。它表明最大速度位于管道轴线上($r = 0$),这也正如物理预期的那样;并且管壁处($r = a$)速度为 0,这是由无滑移边界条件决定,即

$$\hat{u}_s = u_s(0) = \frac{-k_s a^2}{4\mu}, \, u_s(a) = 0 \qquad\qquad (3.4.1)$$

第一个等式中的减号表示速度方向与压力梯度 k_s 的方向相反,即速度在负压力梯度方向上为正。正如预期,管道轴线上的最大速度和管壁上的 0 速度可以用平滑的轮廓线相连,而且两者之间任何点都没有阶跃变化。利用最大速度可以方便地对速度分布进行无量纲化,得到

$$\frac{u_s(r)}{\hat{u}_s} = 1 - \left(\frac{r}{a}\right)^2 \qquad\qquad (3.4.2)$$

通过在管道截面上积分,可以获得流过管道的体积流率 q_s

$$q_s = \int_0^a u_s 2\pi r \,\mathrm{d}r = \frac{-k_s \pi a^4}{8\mu} \qquad\qquad (3.4.3)$$

同样,减号表示流率和压力梯度符号相反。也就是说,负压力梯度在正的 x 方向上产生流动。平均速度 $\bar{u}_s$ 由下式给出

$$\bar{u}_s = \frac{q_s}{\pi a^2} = \frac{-k_s a^2}{8\mu} \qquad\qquad (3.4.4)$$

它是管道轴线处最大速度的一半(方程(3.4.1),图 3.4.1)。

在泊肃叶流动中,径向速度分量和角速度分量 v, w 均为 0,轴向速度分量仅为 r 的函数。因此,方程(2.7.2)中定义的剪切应力分量中只有一个是非 0 的,并且具有更简单的形式

$$\tau_{xr} = \tau_{rx} = \mu \frac{\mathrm{d}u}{\mathrm{d}r} \qquad\qquad (3.4.5)$$

如图 2.6.1 所示,第一个剪切应力分量在垂直于 x 的平面并且作用于 r 方向,第二个剪切应力分量在与管壁平行的圆柱面并且作用于 x 方向。第二个分量是特别令人感兴趣的,因为它在管壁产生了流动阻力,我们用 $-\tau_s$ 来表示,因此

$$\tau_s = -\tau_{rx}(a) = -\mu \left(\frac{\mathrm{d}u_s}{\mathrm{d}r}\right)_{r=a} = \frac{-k_s a}{2} \qquad\qquad (3.4.6)$$

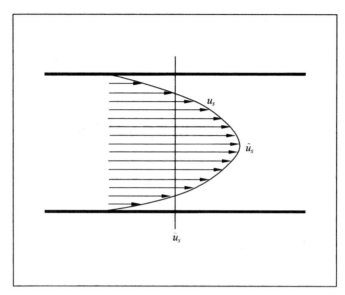

图 3.4.1　稳态充分发展泊肃叶流动中的速度分布(u_s)。轮廓

具有抛物线形式,平均速度($\bar{u}_s$)是最大速度($\hat{u}_s$)的一半

τ_s 和 τ_{rx} 之间的符号差异,是因为 τ_s 在这里表示流体在管壁上施加的剪切应力。用方程(3.4.3)代替 k_s,最终

$$\tau_s = \frac{4\mu q_s}{\pi a^3} \qquad (3.4.7)$$

克服管壁处流动阻力所需的能量消耗率,即维持流动所需的泵送功率 H_s,由总阻力和平均流速的乘积给出。而总驱动力由剪切应力与其作用的表面积(即管壁的表面积)乘积得到,即

$$H_s = \tau_s \times 2\pi a l \times \bar{u}_s \qquad (3.4.8)$$

其中 l 是管长。如果阻力由压差(Δp_s)克服(图 3.4.2),其中

$$\Delta p_s = p_s(l) - p_s(0) = k_s l \qquad (3.4.9)$$

那么功率也等于总驱动力与流经管道平均速度的乘积,即

$$H_s = -\Delta p_s \times \pi a^2 \times \bar{u}_s \qquad (3.4.10)$$

从方程(3.4.6)和(3.4.9)可以看出这两种形式的平等性。

使用方程(3.4.3)和(3.4.9),压差可以表示为流率的形式

$$-\Delta p_s = \left(\frac{8\mu l}{\pi a^4}\right) q_s \qquad (3.4.11)$$

同样,"—"号表示 Δp_s 与 q_s 符号相反,这种关系类似于导体中的电流流动,即

$$E = RI \qquad (3.4.12)$$

其中 E 是电位差,R 是电阻,I 是电流。在这个类比中,方程(3.4.11)中的压力差用 E 表示,括号内的项用 R 表示,体积流率用 I 表示。因此在泊肃叶流动中

36

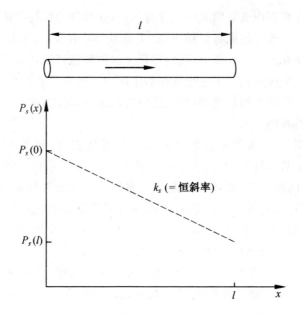

图 3.4.2　稳态充分发展泊肃叶流动中的压力分布。压力 $p_s(x)$ 沿管道线性减小。压力梯度 k_s 是恒定的,并且压差 $p_s(0) - p_s(l)$ 是维持流动克服管壁剪切应力所需"力"的度量

流动阻力与半径的四次方成反比。

最后,方程(3.4.10)中泵送功率的表达式也可以用更简单的形式表示

$$H_s = -\Delta p_s \times q_s \tag{3.4.13}$$

这与电力的类比相一致,其中功率等于电位差和电流的乘积。将方程(3.4.11)中的压差带入,泵送功率可以最终表达为以下形式

$$H_s = -lk_s q_s = \left(\frac{8\mu l}{\pi a^4}\right) q_s^2 \tag{3.4.14}$$

从中可以看出,管径固定时,泵送功率与流率的二次方成正比,而流率固定时,泵送功率与半径的四次方成反比。

3.5　能量消耗平衡

管道内稳态流动的控制方程式,方程(3.3.4)

$$\mu\left(\frac{\mathrm{d}^2 u_s}{\mathrm{d}r^2} + \frac{1}{r}\frac{\mathrm{d}u_s}{\mathrm{d}r}\right) = k_s$$

表达了影响流动的作用力之间的平衡,特别是方程右侧的驱动压力和方程左侧

37

的黏性力。在管道内流动期间的任意时间点,这两种力都与能量消耗率有关。压力与驱动流动所需的能量消耗率或"泵送功率"有关,而黏性力与黏性产生的能量耗散率有关。在本节中,我们将研究这两种能量消耗率以及它们基于流动控制方程的平衡方式。虽然在目前的工况中两种能量消耗率都是恒定的,它们之间的平衡是简单的相等,但这个简单的情况可以作为我们在下一章中考虑脉动流的有益基础。

就实际而言,上面的运动方程实际上并不代表力,而是代表单位体积的力。这是一个基本特征,可以从更一般形式的纳维－斯托克斯方程得到。因此,为了考虑能量耗散,必须首先将等式乘以一定的流体体积,使其实际代表力,然后确定这些力的功率。应该记得,功或者能量是通过力乘以距离得到的,而功率或者能量消耗率是通过力乘以单位时间的距离或者速度得到的。

因此,有必要考虑以相同速度移动的少量流体。为了方便,可以选择半径为 r,厚度为 dr,长度为 l 的薄圆柱壳。那么构成该壳体区域的流体体积是 $2\pi r l\,dr$,其内部流体微元的流速,可以简单地认为是泊肃叶流动中半径 r 处的速度,即 $u_s(r)$。如果上述运动方程乘以壳体的体积和它移动的速度,那么结果表示了与该流体体积有关的能量消耗平衡方程,即

$$\mu\left(\frac{d^2 u_s}{dr^2}+\frac{1}{r}\frac{du_s}{dr}\right)\times 2\pi r l u_s dr = k_s \times 2\pi r l u_s dr \tag{3.5.1}$$

此外,如果该方程的两侧在管道横截面上积分,即从 $r=0$ 到 $r=a$,那么可以建立半径为 a,长度 l 的整个管道流体的能量消耗平衡方程。

等式右侧的积分结果为

$$\int_0^a k_s \times 2\pi r l u_s dr = k_s l\int_0^a 2\pi r u_s dr = k_s l q_s \tag{3.5.2}$$

其中 q_s 为通过管道的流率,由方程(3.4.3)确定。等式左侧的积分结果为

$$\int_0^a \mu\left(\frac{d^2 u_s}{dr^2}+\frac{1}{r}\frac{du_s}{dr}\right)\times 2\pi r l u_s dr$$

$$=2\pi\mu l\int_0^a u_s\frac{d}{dr}\left(r\frac{du_s}{dr}\right)dr$$

$$=2\pi\mu l\int_{r=0}^{r=a} u_s d\left(r\frac{du_s}{dr}\right)$$

$$=2\pi\mu l\left\{\left|u_s r\frac{du_s}{dr}\right|_{r=0}^{r=a}-\int_{r=0}^{r=a} r\frac{du_s}{dr}du_s\right\}$$

$$=-2\pi\mu l\int_0^a r\left(\frac{du_s}{dr}\right)^2 dr \tag{3.5.3}$$

方程(3.5.2)和(3.5.3)两个结果相等,就确定了管道内能量消耗的平衡关系,即

脉动流物理学

$$2\pi\mu l\int_0^a r\left(\frac{\mathrm{d}u_s}{\mathrm{d}r}\right)^2\mathrm{d}r=-k_s l q_s \tag{3.5.4}$$

右侧的项定义为驱动流体所需的泵送功率,如之前在方程(3.4.14)中所确定的那样。左侧的项表示黏度引起的能量耗散率,它应该等于之前在方程(3.4.8)中得到的值。为了验证这一点,我们把方程(3.3.10)带入(3.5.4)中的 u_s,得到

$$\begin{aligned}
2\pi\mu l\int_0^a r\left(\frac{\mathrm{d}u_s}{\mathrm{d}r}\right)^2\mathrm{d}r &=2\pi\mu l\left(\frac{k_s}{2\mu}\right)^2\int_0^a r^3\,\mathrm{d}r\\
&=2\pi\mu l\left(\frac{k_s}{2\mu}\right)^2\left(\frac{a^4}{4}\right)\\
&=2\pi al\left(\frac{k_s a^2}{8\mu}\right)\left(\frac{k_s a}{2}\right)\\
&=2\pi al\,(\bar{u}_s)\,(\tau_s) \tag{3.5.5}
\end{aligned}$$

其中,在最后一步用到方程(3.4.4)和(3.4.6)来表示 $\bar{u}_s$ 和 τ_s。这个最终结果与之前获得的驱动流动所需的功率相同(公式(3.4.8))。因此方程(3.5.4)左侧的项实际上等于驱动流动所需的功率,而这个功率等于管壁处的黏性耗散率。

3.6　立方准则

　　虽然心血管系统中流动是脉动的,但动脉树的一些基本模型特征可以通过稳态泊肃叶流动得到充分地研究。这些讨论的结果和通用泊肃叶流动的结果在后来成为脉动流中类似研究的重要基础。

　　如果假设血管中流动与管道中充分发展的泊肃叶流动相同,则可以解决关于动脉树结构的基本问题,即血管直径与血管输送流量之间的关系。

　　从前一节的结果我们注意到,通过半径为 a 的管道保持流率 q 所需的泵送功率 H_s 与半径的四次方成反比,这表明从流体动力学的角度来看,血管半径应尽可能大(图 3.6.1)。然而从生物学的观点来看,半径较大的血管需要更多的血量来充满,而后者则需要更高的能量代谢率来维持。假设代谢率与血管的容积成正比,那么对于给定长度的血管,它与 a^2 成正比,而泵送功率与 a^{-4} 成正比。

　　因此,建立了一个简单的最优化问题,该问题由塞西尔·D. 默里(Cecil D. Murray)于 1926 年首次提出[3,4]。流体动力学和生物学所需的总功率 H 可由下式给出

$$H=\frac{A}{a^4}+Ba^2 \tag{3.6.1}$$

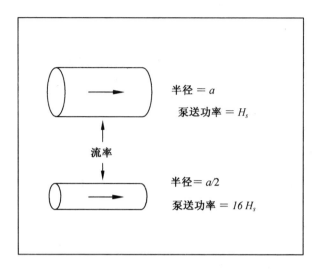

图 3.6.1　用于维持稳态充分发展的泊肃叶流动的泵送功率。如果管道半径减半,那么驱动相同流率流体所需泵送功率扩大 16 倍(1 600%)。相反,如果管道半径加倍,那么仅需要约 6% 的功率来驱动相同流率通过

其中 B 表示维持血容量所能能量代谢率的正常数,并且从公式(3.4.14),得

$$A = \frac{8\mu l q_s^2}{\pi} \qquad (3.6.2)$$

在以下条件 H 有最小值

$$\frac{\mathrm{d}H}{\mathrm{d}a} = \frac{-4A}{a^5} + 2Ba = 0, \frac{\mathrm{d}^2 H}{\mathrm{d}a^2} = \frac{20A}{a^6} + 2B > 0 \qquad (3.6.3)$$

因为 A 和 B 都是正值,所以不等式满足,由第一个等式给出

$$a^6 = \frac{2A}{B} = \frac{2}{B} \frac{8\mu l}{\pi} q_s^2 \qquad (3.6.4)$$

因为 B 是一个不依赖于流率的常数,所以从公式(3.6.4)得到最小功率发生所需条件

$$q_s \propto a^3 \qquad (3.6.5)$$

这通常被称为"立方准则",或者以第一作者命名,被称为"默里法则"。

　　三次方准则已经应用多年,并且在心血管系统中广泛存在[5-14]。重要的是要记住它取决于两个重要的假设:(i) 所研究的流动是稳态充分发展的泊肃叶流动;(ii) 使用的最优化准则是流体动力学和代谢的总能量消耗率最小。

　　许多作者已经研究用其他准则来解决立方准则的预测偏差[15-17]。例如,已经发现,在主动脉及其第一代分支中,流率与 a^2 成正比的"平方准则"或许比立方准则更适合。然而,在动脉树的更多周边区域,测量数据表明即使具有比较大的离散度,立方准则最终是普遍适用的。

40

因为在泊肃叶流动中,管壁上的剪切应力与 q/a^3 比值成正比(方程(3.4. 7)),立方准则与血管系统中的恒定剪切率一致。也就是说,在动脉树的较高层级,随着血管直径减小,其内部血液流速也变小;但是根据立方准则,血管壁上的剪切应力保持不变。因为动脉树的直径范围可以达到三到四个数量级,所以任何偏离这种不稳定的结构都会导致剪切应力达到多个数量级。例如,如果流率根据平方准则($q \propto a^2$)或四次方准则($q \propto a^4$)变化,则血管壁上的剪切应力将分别与 $1/a$ 或者 a 成正比。因此,当变化三到四个数量级时,剪切应力也会如此。而且在平方准则下,较小的血管中会出现较高的剪切应力。因为各种大小的血管腔都附有基本相同类型的内皮组织,从理论上讲这些情况似乎不太可能。因此泊肃叶流动中剪切应力的形式为立方准则提供了强有力的理论支持;其应用领域与准则最初所基于的领域完全不同。

3.7　动脉分叉

动脉树的主要结构单元是"分叉",因此母血管段分为两个子血管段。来自心血管系统的数据显示,分成两个以上的子血管段是罕见的[7-12]。动脉分叉处的血管段通常处于同一平面,但是从一个分叉到下一个分叉平面方向的变化会产生显著的三维树结构[18, 19]。此外,动脉分叉不对称程度变化大,即两个子血管段的不等径程度变化大,使得动脉树可能非常不均和高度不对称,这与其所提供的特定功能有关。

如果动脉分叉处的母血管段和子血管段半径用 a_0, a_1, a_2 表示,它们的直径用 d_0, d_1, d_2 表示(图 3.7.1),并且为方便起见约定始终 $a_1 \geqslant a_2$,则可以定义分叉指数

$$\alpha = \frac{a_2}{a_1} \tag{3.7.1}$$

并且它的取值范围在 0 到 1.0 之间。高度非对称分叉结构 α 值接近 0;而对称分叉结构 $\alpha = 1.0$。

动脉分叉的另一个重要指标是面积比

$$\beta = \frac{a_1^2 + a_2^2}{a_0^2} \tag{3.7.2}$$

这是两个子血管横截面积之和与母血管横截面积之比。当 β 值大于 1.0,使流动从动脉树的上一级进入下一级时在总横截面积上产生膨胀。

质量守恒要求在动脉分叉处,母血管中的流率必须等于两个子血管流率之和;如果流率分别用 q_0, q_1, q_2 表示,那么

$$q_0 = q_1 + q_2 \tag{3.7.3}$$

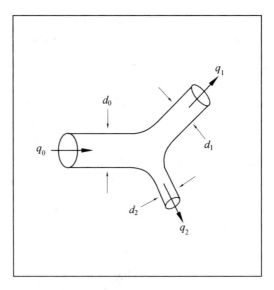

图 3.7.1 动脉分叉,动脉树的基本结构单元。
直径为 d_0 的母血管分叉成直径为 d_1 和 d_2 的子血
管。质量守恒要求母血管内的流率 q_0 必须等于
子血管中流率之和 $q_1 + q_2$。结合立方准则,给出
涉及三个直径的重要的"最佳"关系式,即 $d_0^3 = d_1^3 + d_2^3$

如果假定立方准则成立,则流率之间的关系变为动脉分叉处三个血管半径之间
的关系,即

$$a_0^3 = a_1^3 + a_2^3 \qquad (3.7.4)$$

引用分叉指数,这一关系式变为

$$\begin{cases} \dfrac{a_1}{a_0} = \dfrac{1}{(1+\alpha^3)^{1/3}} \\[3mm] \dfrac{a_2}{a_0} = \dfrac{\alpha}{(1+\alpha^3)^{1/3}} \end{cases} \qquad (3.7.5)$$

把这些带入面积比 β 表达式(3.7.2),得到

$$\beta = \frac{1+\alpha^2}{(1+\alpha^3)^{2/3}} \qquad (3.7.6)$$

因为这些结果基于立方准则,它们代表动脉分叉处的相对半径比和面积比的
"最佳"值,最优准则与立方准则所基于的标准相同。必须强调的是,立方准则
是基于泊肃叶流动相关的简化假设,因此上述结果同样基于这些假设。然而,
尽管有这些限制,方程(3.7.6)所示结果已经从测量数据中得到了有力支
撑[5-12]。特别是对于对称分叉($\alpha = 1.0$),方程(3.7.5)和(3.7.6)简化为

脉动流物理学

$$\frac{a_1}{a_0} = \frac{a_2}{a_0} = 2^{-1/3} \approx 0.793\ 7 \qquad (3.7.7)$$

$$\beta = 2^{1/3} \approx 1.259\ 9 \qquad (3.7.8)$$

这些值对于理论动脉树结构整体属性的近似计算是有用的,计算中通常基于动脉树的对称分叉假设。

3.8　动　脉　树

　　心血管系统中的动脉树(图 1.1.1)用于将血液流动分别输送到数百万的组织细胞。在畅通的树形结构中,母血管经历分叉,然后两个子血管中每一个再经历分叉,依次类推;使得从单一来源带来的流动不重复地分配到多个终点。动脉树的分叉结构允许"共享"血管,使得每个组织细胞所需的血液不必从源目标单独输送。树形结构消除了并行通道的需要。血管的节省发生在每个分叉处,并且构成动脉树的大量分叉使血管节省量倍增。

　　在动脉分叉处,来自母血管入口处点 A 的血流要运往子血管出口处的点 B 和点 C(图 3.8.1)。不是从 A 到 B 以及 A 到 C 并联运行两个血管,分叉结构使得从 A 到分成两个单独血管之前的连接点 J 之间的流动可以共享。这一节省使得从 A 到 J 只运行一个血管而不是两个。

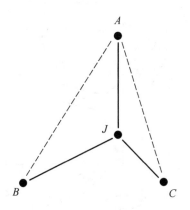

图 3.8.1　分叉原理。主干分叉使从 A 点到 B 点和 C 点的流动成为可能,而无需通过从 A 到 B 和 C 的两个独立管道来流动。相反,在分成两个独立的管道之前,从 A 到某个连接点 J 的流量是"共用"的

在泊肃叶流动中，驱动流率 q 通过半径为 a 的管道所需的功率 H 与 $q^2 a^{-4}$ 成正比（方程(3.4.14)），并且如果立方准则成立（方程(3.6.5)），可以得到 $H \propto a^2$。因此，如果驱动半径为 a_0, a_1, a_2 的管道内流动所需的功率分别为 H_0, H_1, H_2，那么驱动两个半径为 a_1, a_2 管道内流从 A 到 J 所需功率与驱动单个管径为 a_0 管道内流从 A 到 J 所需功率的分数差值，其无量纲形式为

$$\frac{H_1 + H_2 - H_0}{H_0} = \frac{a_1^2 + a_2^2 - a_0^2}{a_0^2} = \beta - 1 \tag{3.8.1}$$

因为 β 值通常大于 1.0，所以结果为正。如果分叉是对称的并且采用立方准则，$\beta \approx 1.26$，则通过一个血管而不是两个血管可实现节省功率 26%。

然而，这个计算只是近似的，因为从 A 到 B 的直管比 A 到 J 加 J 到 B 之和短，从 A 到 C 类似。事实上，考虑到这些差异，必须解决连接点 J 位置的最优性问题。这决定了两个子血管应该与母血管方向形成的最佳分叉角度 θ_1 和 θ_2（图 3.8.2）。研究发现[21, 22]，为了使驱动流体通过分叉结构所需功率最小，并且仍基于泊肃叶流动，最佳分叉角度由下式给出

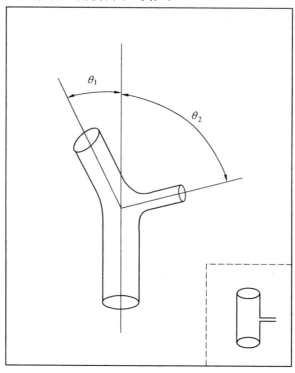

图 3.8.2 最佳分支角度。主干分叉的流体动力学效率受到两个子分支的角度的影响。最理想的情况是，较大的分支比较小的分支形成较小的分支角度。在极限条件下，一个小的"分支"几乎在 90° 处脱落，而较大分支的分支角度接近零（如插图所示）

44

$$\cos\theta_1 = \frac{(1+\alpha^3)^{4/3}+1-\alpha^4}{2(1+\alpha^3)^{2/3}} \tag{3.8.2}$$

$$\cos\theta_2 = \frac{(1+\alpha^3)^{4/3}+\alpha^4-1}{2\alpha^2(1+\alpha^3)^{2/3}} \tag{3.8.3}$$

这些结果表明,具有较小直径的分支产生较大分叉角(图 3.8.2),这可以通过对心血管系统的观察得到很好的证实[7-12]。在 $\alpha\approx0$ 的非常小的分叉极限中,结果表明较大分支的分叉角度接近 0°,而较小分叉的分支角度接近 90°。

这也得到了心血管系统观察结果的支持,事实上也是"小分支"这一常见术语的基础。分支角的其他最优性原理也已经被使用过,并得到了定性相似的结果[22-25]。

主干树由大量重复的分叉组成,在主干树的末端产生大量末端导管。如果树状的结构从一个一次又一次分叉的单个管段开始,每次所涉及的管段数量增加一倍,那么到达大量末端导管所需的"世代"数量相当少。只有 30 代产生了超过 10^9 个末端片段。

可用于流动的总横截面积通常在每一代分叉时增加,该增加由在单个分叉处大于 1.0 的面积比 β 的值决定。系统主干树中公认的估计是,从主干道到末端导管的横截面积增加了约 1 000 倍[26]。如果假设这种增加发生在均匀分叉树结构中的 30 代以上,在每个分叉处,β 的值都是相同的,其估值为

$$\beta^{30}=1\,000 \tag{3.8.4}$$

从而得出

$$\beta=10^{1/10}\approx1.258\,9 \tag{3.8.5}$$

将该值与从立方体定律(式 3.7.8)中获得的值进行比较,这两个值的接近程度非常显著,因为它们所基于的考虑因素非常不同。

3.9 入 口 长 度

泊肃叶流是基于"长管"假设得到的一种理想化流动,假定管道足够长,以至于可以认为所研究的流动距离管道入口太远而不受其影响。该假设为控制方程式的主要简化提供了基础,因此是产生泊肃叶流动简化方程式解的基础。

实际上,当流体进入管道时,在它达到完全发展的理想泊肃叶流动状态前,流体需要下游一段距离,这个距离称为"入口长度"(图 3.1.1)。计算或测量此长度的固有困难是向完全发展的泊肃叶流动的理想状态的发展是渐近过程。严格来说,流动永远不会达到那种状态。

但是,出于实际目的,在距管道入口有限距离处,管道内流动会非常接近完全发展。该距离已在理论和实验上得到确定,并被用作入口长度,尽管在两种

情况下,该距离的确定都严格取决于"非常接近完全发展"的定义[27-29]。普遍使用的标准是中心线速度达到泊肃叶流动值99%处距入口的距离,该距离下游流体被认为充分发展。入口长度结果通常基于此标准,尽管也使用了其他基于速度曲线整体属性的标准。入口长度的值还取决于流体进入管道的形式,此处通常假定流体均匀地进入。

考虑到这些因素,通常认为直径为 d 的管道中入口处的流速与速度 U 一致,入口长度 l_e 由下式给出[27-29]

$$\frac{l_e}{d} = 0.04 R_d \qquad (3.9.1)$$

其中 R_d 是基于管道直径的雷诺数,定义为

$$R_d = \frac{\rho U d}{\mu} \qquad (3.9.2)$$

其中 ρ,μ 是流体的密度和黏度,因此,$R_d = 1\,000$,入口长度等于 40 倍的管径。

在心血管系统中,很少有长的血管。血管树由血管分支组成,血管分支的长径比平均约为 10,范围从最小接近于 0 到最大为 $35 \sim 40$(图 3.9.1)。每个分支中的流动通常没有该段所需的入口长度,但是,进入和再次进入这些分支的流动方式不是均匀流动而是部分发展流动。

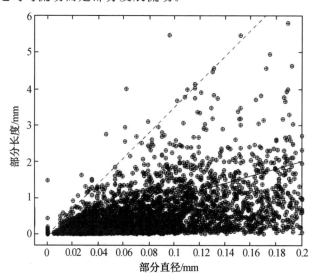

图 3.9.1 血管树中直径－血管长度关系。从人心脏的血管树获得的测量结果表明,虽然血管分支的长度和直径之间没有明显的相关性,但长度与直径的比似乎具有约 35 mm 的最大值(虚线),并且平均约为 10 mm(实线),来自资料 [36]。

脉动流物理学

　　当进入管道内的流体是部分发展,或是其他不均匀的情况,它的入口长度通常要短于相应的均匀入口流动对应的入口长度[30]。因此,尽管动脉树中的血流可能不足以在每个管段分支中完全发展,但随着它从一个管段分支流入下一个管段分支,血流可能会逐步发展。此外,随着血液从动脉树流向四周,血管分支的直径及其内部的平均速度都会迅速减小。雷诺数从主动脉中约 1 000 的高点开始(方程(1.9.3)),在随后的分支中迅速减小,因此,这些分支中的血液需要越来越小的长直径比得以充分发展。在雷诺数 $R_d = 100$ 时,入口长度仅需要 4 倍的管段直径即可使流体发展充分。

　　这些讨论表明,虽然在血管树的各处血流可能无法充分发展,但是血管树中大部分的血流可能非常接近该状态。在此基础上,当研究动脉树中的稳态流动时,无论是在局部区域还是整个动脉树中,都假设流体处于完全发展状态是有一定合理性的。从实践的角度来看,无论如何该假设都是使分析易于处理的必要近似。对数百万个管段分支中的每一个分支都基于单独的流动发展进行分析显然是不切实际的。

　　如果流体以速度 U 均匀地进入管道,则 U 一定等于泊肃叶流流动剖面的最终平均速度 $\bar{u}_s$,但是,沿管道中心线的速度一定从 U 改变为泊肃叶流轮廓中的最大速度,即 $u_s(0)$,该速度是(方程(3.4.4))确定的平均速度的两倍。因此,在管道入口区域的流体,在管道中心线附近的流体必须加速,并且该速度需要额外的泵送功率来维持。因此,基于充分发展流动的分析可能会低估驱动血管树流动所需的功率。

　　在脉动流中,由于流动发展在空间和时间的耦合,入口流动问题会进一步复杂化[31,32]。当脉动频率较低时,流动在充分发展区的每个脉动周期循环的峰值处,满足泊肃叶流动分布,因此,充分发展稳定流动的结果与该区域的脉动流有一定关联。在入口区域,情况更加复杂。如以最简单的形式,在距管道入口一定距离处的流动试图达到该位置处稳定流动中普遍存在的速度分布,但问题实际上并不那么简单,因为入口区域的流动控制方程是非线性的。

3.10　非圆形截面

　　管道内充分发展的泊肃叶流动是一种非常有效的流体流动形式,因为它结合了管道的两个独特特性:圆柱形和圆形横截面。与这两个理想条件中任意一个条件的任何偏离都会导致流动效率降低。如果管道弯曲或扭结,或者管道以任何方式被阻塞,由于流体的可用空间不再是圆柱形的,因此流动效率会降低。如果管道是直圆柱形,但其横截面为非圆形,则流动效率会降低。值得注意的是,任何非圆形横截面都会导致效率降低[33,34]。

尽管这些讨论适用于稳定流动,但它们完全可以拓展到脉动流。因此,该讨论与本书的核心主题相关。在脉动条件下,流动努力在每个循环的峰值达到充分发展的稳态流动分布,并且正如我们稍后将看到的,其达到该目标的程度取决于脉动频率。 如果由于与具有圆形横截面的圆柱形管道这一理想条件之间的任何偏离而导致充分发展的稳态流动不是泊肃叶流动,则脉动流的效率将以相同的方式降低,并且出于与稳态流动相同的原因而降低,这种效率减少将因脉动频率效应而加剧[35]。

在本节中,我们以椭圆形横截面管道内稳定流动作为圆形横截面管特殊情况的偏差。椭圆形横截面与血流特别相关,因为它可以近似表示受压缩血管的横截面。

管道内流动的一个重要特征会从圆形横截面的情况保持到非圆形横截面的情况。如果是直圆柱形的非圆形管,则流动保持一个方向,并且横向速度分量与圆形横截面情况下的速度分量相同,也为 0。在这些条件下,任何横截面管道内流动的控制方程与圆形横截面的管道相同,在矩形笛卡儿坐标 x, y, z 中,x 沿着管道轴线,y, z 在横截面平面中,采用以下公式

$$\mu\left(\frac{\partial^2 u_{\mathscr{e}}}{\partial y^2} + \frac{\partial^2 u_{\mathscr{e}}}{\partial z^2}\right) = k_s \tag{3.10.1}$$

其中,$u_{\mathscr{e}}, k_s, \mu$ 如先前对于圆形横截面管道的定义(方程式(3.3.4))一样,并在此处添加下标" e "作为要考虑的椭圆形横截面的参考。为了便于与圆形横截面的情况进行比较,此处恒定压力梯度 k_s 与圆形横截面管道的压力梯度相同。

圆形和非圆形横截面之间的差异仅在边界条件中体现。在本工况下,必须在椭圆管壁上满足无滑移边界条件。如果管道横截面是半短轴和半长轴分别为 b, c 的椭圆,则条件为

$$u_{\mathscr{e}} = 0 \quad 时 \quad \frac{y^2}{b^2} + \frac{z^2}{c^2} = 1 \tag{3.10.2}$$

此边界条件加上流场对称条件,方程(3.10.1)的解为

$$u_{\mathscr{e}}(y, z) = \frac{k_s}{2\mu}\frac{b^2 c^2}{b^2 + c^2}\left(\frac{y^2}{b^2} + \frac{z^2}{c^2} - 1\right) \tag{3.10.3}$$

对应该解,流量和泵送功率分别为

$$q_{\mathscr{e}} = 4\int_0^c\int_0^{b\sqrt{1-z^2/c^2}} u\,\mathrm{d}y\,\mathrm{d}z = \frac{-k_s\pi}{8\mu}\delta^4 \tag{3.10.4}$$

$$H_{\mathscr{e}} = k_s l q_{\mathscr{e}} = \frac{8\mu l}{\pi}\frac{q^2}{\delta^4} \tag{3.10.5}$$

其中

$$\delta = \left(\frac{2b^3 c^3}{b^2 + c^3}\right)^{1/4} \tag{3.10.6}$$

当 $b = c = a, \delta = a$ 时,椭圆退化为半径为 a 的圆,并且流量和泵送功率的表达式退化为半径为 a 的圆形横截面管道的表达式。

非圆形横截面管道的流动效率低下表现为对于给定的泵送功率具有较低的流速,或对于给定的流量需要较高的泵送功率。为了在两种情况下进行有意义的比较,必须使圆形和非圆形横截面的面积或周长相等。在椭圆形横截面的情况下,在圆形横截面的半径和椭圆形横截面的轴之间建立关系。相等周长的两个横截面的比较与血管受压缩的情况特别相关,这里我们使用它进行说明。

椭圆的半短轴和半长轴分别为 b, c 其周长等于半径为 a 圆的周长,如果满足下列关系

$$a^2 \approx \frac{(b^2 + c^2)}{2} \tag{3.10.7}$$

对于长宽比 $c/b = 2$ 的椭圆,我们从公式(3.10.6)得到

$$\delta = \left(\frac{16}{5}\right)^{1/4} b \tag{3.10.8}$$

如果将椭圆与周长相等的圆进行比较,则从等式(3.10.7)得出

$$\delta^4 = \frac{64}{125} a^4 \tag{3.10.9}$$

因此,对于给定的泵送功率,流量降低了 $\frac{64}{125}$ 倍(方程(3.10.4)),而对于给定的流量,泵送功率增加了 $\frac{64}{125}$ 倍(方程(3.10.5))(图 3.10.1)。

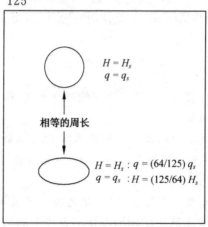

$$H = H_s$$
$$q = q_s$$

相等的周长

$$H = H_s : q = (64/125) q_s$$
$$q = q_s : H = (125/64) H_s$$

图 3.10.1　周长相同、流量相同的椭圆形和圆形管道,驱动椭圆管中的流量所需的泵送功率要高出 125/64。对于两个管道中相同的泵送功率,椭圆管道中的流速降低了 64/125 倍,其中椭圆的长轴与短轴之比为 2.0

3.11 思 考 题

1. 管道内流动的许多结果都基于"充分发展的流动",试解释此流动的定义属性。

2. 对刚性管道中稳态或脉动流的控制方程式(3.2.9)试列出其基于的假设。

3. 在求解泊肃叶流的过程中,沿管道的轴的速度 $\hat{u}_s$ 与压力梯度的关系(方程(3.4.1))如下

$$\hat{u}_s = \frac{-k_s a^2}{4\mu}$$

其中 a 是管道半径, μ 是流体黏度,试说明此公式中的负号含义。

4. 试证明考虑作用在管道内流体的体积力的平衡,可以直接得出管道中泊肃叶流的方程(3.3.2)。

5. 证明如果方程(3.3.2)求解的是在管壁处具有滑动速度 u^*,半径为 a 的管道中的流动,而不是无滑移边界条件,则流速将由下式给出

$$q_s = \pi a^2 u^* - \frac{k_s \pi a^4}{8\mu}$$

与方程(3.4.3)相比,添加了实际情况中需要考虑的滑移因素。

6. 过去曾使用在血管壁处"滑移"的可能性来解释所谓的法－林效应在血流中的作用,从而发现直径较小血管中的血液黏度系数下降。以前的研究结果表明,如果 μ 是存在滑移速度 u^* 时流体的实际黏度,而 μ^* 是没有滑移速度时的黏度,则满足

$$\frac{\mu}{\mu^*} = 1 - \frac{8\mu u^*}{k_s a^2}$$

7. 如果管道的直径仅减小 10%,而其他所有不变,则可以通过百分比找到驱动相同流速的附加功率。

8. 如果用更通用的定律代替立方准则,则动脉分叉处的面积比 β 与分叉指数 α 有何关系。在对称分叉的情况下,将 $n=2,4$ 的 β 值与从立方准则获得的值进行比较。

9. 在分支直径逐渐变小的动脉树中,请考虑立方准则($n=3$)在泵送功率和剪切应力在不同层次动脉树结构面变化的方式上的结果,并将结果与 $n=2$ 和 $n=4$ 的结果进行比较。

10. 动脉树的关键设计原理是避免并行运行两根血管,在此两根血管可以用一根承载合流的血管代替。为简单起见,假设两根血管的直径相等,则找到

驱动两根血管流量所需的附加分数功率,而不是根据相应的面积比找到一个,试证明结果与方程(3.8.1)一致。

　　11.说明如果用立方准则对方程(3.9.1)中入口长度的结果进行补充,则表明动脉树的入口长度在树的较高层次会迅速减小。

　　12.在方程(3.10.9)结果表明,如果圆形横截面血管受压缩,使得其横截面变成纵横比为 2.0 的椭圆形,对于相同的泵送功率,通过血管的流量大约降低一半,或者对于相同的流量,泵送功率大约增加了一倍。 如果椭圆形横截面的长宽比仅为 1.1,则可以获得相应的结果。

3.12　参考资料

[1] Rouse H,Ince S,1957. History of Hydraulics. Dover Publications,New York.

[2]Tokaty GA,1971. A History and Philosophy of Fluidmechanics. Foulis, Henley- on- Thames,Oxfordshire.

[3]Murray CD,1926. The physiological principle of minimum work. I. The vascular system and the cost of blood volume. Proceedings of the National Academy of Sciences 12:207-214.

[4]Thompson D'AW,1942. On Growth and Form. Cambridge University Press,Cambridge.

[5]Rodbard S,1975. Vascular caliber. Cardiology 60:4-49.

[6]Hutchins GM,Miner MM,Boitnott JK,1976. Vessel caliber and branchangle of human coronary artery branch-points. Circulation Research 38:572-576.

[7]Zamir M,Medeiros JA,Cunningham TK,1979. Arterial bifurcations in the human retina. Journal of General Physiology 74:537-548.

[8]Zamir M,Brown N,1982. Arterial branching in various parts of the cardiovascular system. American Journal of Anatomy 163:295-307.

[9]Zamir M,Medeiros JA,1982. Arterial branching in man and monkey. Journal of General Physiology 79:353-360.

[10] Mayrovitz HN,Roy J,1983. Microvascular blood flow:evidence indicating a cubic dependence on arteriolar diameter. American Journal of Physiology 245:H1031-H1038.

[11]Zamir M,Phipps S,Langille BL,Wonnacott TH,1984. Branching characteristics of coronary arteries in rats. Canadian Journal of Physiology and Pharmacology 62:1453-1459.

[12]Zamir M,Chee H,1986. Branching characteristics of human coronary arteries. Canadian Journal of Physiology and Pharmacology 64:661-668.

[13]Kassab GS,Rider CA,Tang NJ,Fung YC,Bloor CM,1993. Morphometry of pig coronary arterial trees. Americal Journal of Physiology 265:H350-H365.

[14]Zamir M,1996. Tree structure and branching characteristics of the right coronary

51

artery in a right-dominant human heart. Canadian Journal of Cardiology 12:593-599.

[15]Sherman TF,1981. On connecting large vessels to small. The meaning of Murray's Law. Journal of General Physiology 78:431-453.

[16]Roy AG,Woldenberg MJ,1982. A generalization of the optimal models of arterial branching. Bulletin of Mathematical Biology 44:349-360.

[17]Woldenberg MJ,Horsfield K,1983. Finding the optimal length for three branches at a junction. Journal of Theoretical Biology 104:301-318.

[18]Zamir M,1981. Three-dimensional aspects of arterial branching. Journal of Theoretical Biology 90:457-476.

[19]Zamir M,Wrigley SM,Langille BL,1983. Arterial bifurcations in the cardiovascular system of a rat. Journal of General Physiology 81:325-335.

[20]Murray CD,1926. The physiological principle of minimum work applied to the angle of branching of arteries. Journal of General Physiology 9:835-841.

[21]Zamir M,1978. Nonsymmetrical bifurcations in arterial branching. Journal of General Physiology 72:837-845.

[22]Kamiya A,Togawa T,1972. Optimal branching structure of the vascular tree. Bulletin of Mathematical Biophysics 34:431-438.

[23]Kamiya A,Togawa T,Yamamoto N,1974. Theoretical relationship between the optimal models of the vascular tree. Bulletin of Mathematical Biology 36:311-323.

[24]Uylings HBM,1977. Optimization of diameters and bifurcation angles in lung and vascular tree structures. Bulletin of Mathematical Biology 39:509-520.

[25]Kamiya A,Bukhari R,Togawa T,1984. Adaptive regulation of wall shear stress optimizing vascular tree function. Bulletin of Mathematical biology 46:127-137.

[26]Burton AC,1965. Physiology and Biophysics of the Circulation. Year Book Medical Publishers,Chicago.

[27]Lew HS,Fung YC,1970. Entry length into blood vessels at arbitrary Reynolds number. Journal of Biomechanics 3:23-38.

[28]Fung YC,1984. Biodynamics:Circulation. Springer-Verlag,New York.

[29]Schlichting H,1979. Boundary Layer Theory. McGraw-Hill,New York.

[30]Camiletti SE,Zamir M,1984. Entry length and pressure drop for developing Poiseuille flows. Aeronautical Journal 88:265-269.

[31]Caro CG,Pedley TJ,Schroter RC,Seed WA,1978. The Mechanics of the Circulation. Oxford University Press,Oxford.

[32]Chang CC,Atabek HB,1961. The inlet length for oscillatory flow and its effects on the determination of the rate of flow in arteries. Physics in Medicine and Biology 6:303-317.

[33]Begum R,Zamir M,1990. Flow in tubes of non-circular cross sections. In:Rahman M(ed),Ocean Waves Mechanics,Computational Fluid Dynamics and Mathematical Modelling. computational Mechanics Publications,Southampton.

[34]Quadir R,M. Zamir,1997. Entry length and flow development in tubes of rectangular

52

and elliptic cross sections. In:Rahman M(ed),Laminar and Turbulent Boundary Layers. Computational Mechanics Publications,Southampton.

[35]Haslam M,Zamir M,1998. Pulsatile flow in tubes of elliptic cross sections. Annals of Biomechanics 26:1-8.

[36]Zamir M,1999. On fractal properties of arterial trees. Journal of Theoretical Biology 197:517-526.

刚性管道中的脉动流

4.1 概　　述

管道内流动的驱动压力随时间变化情况由方程(3.2.9)决定

$$\rho \frac{\partial u}{\partial t} + \frac{1}{\rho} \frac{\partial p}{\partial x} = \mu \left(\frac{\partial^2 u}{\partial r^2} + \frac{1}{r} \frac{\partial u}{\partial r} \right)$$

假定对方程的所有简化假设仍然成立,该方程提供了一类流动的求解方案,其中压力 p 是 x 和 t 的函数,而速度 u 是 r 和 t 的函数。在得到这个解之前,重申方程所基于的假设是很重要的,因为这些假设定义了解所表示流动的理想化特征。

我们考虑一种特殊情况,其驱动压力在时间上振荡,呈正弦或余弦函数变化。当压力上升到峰值时,流量会逐渐增加,而随着压力下降,流量也随之降低。如果压力的变化非常缓慢,则相应流量的变化几乎与其同相位,但如果压力变化很快,由于流体的惯性,流动将滞后。由于这种滞后,每个循环周期中流量所能达到的峰值,将略微低于恒定驱动压力下稳态泊肃叶流动的峰值(该恒定驱动压力等于振荡压力的峰值)。

在脉动频率较高的驱动压力下,峰值流量损失较高,以至于流体几乎不移动;而在另一个极端情况,在非常低的频率下,流量会随着压力上升和下降,并达到与每个循环中峰值压力相对应的流量峰值。事实上,在非常低的频率下,压力和流量快速变为与稳态泊肃叶流动中相同的状态;也就是说在脉动周期的每个瞬间,压力和流量之间都将满足泊肃叶关系(方程(3.4.3))。

在低频脉动条件下,脉动周期内每一时刻的流量和速度剖面,与以该时刻压力值为驱动压力的泊肃叶流动的速度剖面相同;在同样的驱动压力下,高频率脉动的速度剖面不能达到在泊肃叶流动中可能达到的完整形式。

这种脉动流动的假设基本上与稳态泊肃叶流动中的假设相同。首先,管道横截面必须是圆形,并且轴向对称必须占优势,即 θ 方向上的速度和导数为零。此外,管道必须足够长且是刚性的,以使流场完全展开并与 x 无关。这些限制的后果在脉动流中比在稳态的泊肃叶流动中更为显著。

为了满足脉动流中的这些限制,沿着管路轴向各个位置处的流体必须一致地随压力进行响应,使得沿着管道的速度分布在所有轴向位置处瞬间变得相同。随着压力的变化,速度分布将沿着管道所有轴向位置发生变化,就像流体的主流运动一样。

虽然这种流动特征是人为假设的并且有点"不符合物理实际",但它为理解脉动流更真实的形式提供了重要基础。事实上,我们在本章中提出的经典解,以及为脉动流提供基本理解的经典解,都是基于这种流动模型。为了使模型更真实,必须允许管道是非刚性的。随着非刚性管道中的压力变化,该变化首先仅在局部起作用,因为它能够在该位置拉伸管道(图 5.1.1)。之后,管道的拉伸部分反冲并将压力变化进一步推向管道。这会产生一个沿着管道[1] 传播的波。在刚性管道的情况下没有波动,在刚性管道中,流动沿管道所有轴向位置同时上升和下降。

在存在波动的情况下,轴向速度 u 不仅是 r 和 t 的函数,同时还是 x 的函数,并且径向速度 v 不再为 0,因此方程(3.2.9)不再成立。更重要的是,波运动的存在带来波反射的可能性,这会给流动分析引入更多的复杂性。这些复杂问题将在后续章节中进行讨论。在本章中,我们将介绍刚性管道中脉动流理想模型的经典解。

4.2　振荡流动方程

心脏的泵血作用产生了横跨动脉树的压差,压差随泵血作用而有节奏地改变。这个驱动力的一个特点是它由一个恒定不变部分和一个振荡部分组成。恒定不变部分不随时间变化,它产生一种稳态的向前流动,就像泊肃叶流动一样;振荡的部分只来回移动流体,而在每个循环中产生的净流量为 0。我们将分别用"稳态"和"振荡"术语来表示流动的两个部分,用"脉动"来描述这两部分的耦合。

方程(3.2.9)的一个重要特征是线性的压力 $p(x,t)$ 和速度 $u(r,t)$,因此,该方程可以完全独立地处理流动的稳态和振荡部分,这有利于分解所分析的问题,因为流动稳态部分已经在第 3 章中讨论完成。

　　振荡部分可以由复合流动分离出来单独处理,我们将在本章进行这部分的分析工作。这些分析过程看似没有意义,因为它只在没有净流动的情况下往复移动流体,但这部分问题在数学上比稳态流动部分更复杂。因此需要明确,如此详细地处理振荡部分的原因是它代表了复合脉冲流的一个重要组成部分,而且它拥有复合流动的大部分重要特性。

　　如果压力和速度的稳态部分和振荡部分分别用下标"s"和"ϕ"表示,则可以分离出振荡流动如下

$$p(x,t) = p_s(x) + p_\phi(x,t)$$
$$u(r,t) = u_s(r) + u_\phi(r,t) \qquad (4.2.1)$$

将这些代入方程(3.2.9)得到

$$\left\{ \frac{\mathrm{d}p_s}{\mathrm{d}x} - \mu\left(\frac{d^2 u_s}{\mathrm{d}r^2} + \frac{1}{r}\frac{\mathrm{d}u_s}{\mathrm{d}r} \right) \right\} +$$

$$\left\{ \rho\frac{\partial u_\phi}{\partial t} + \frac{\partial p_\phi}{\partial x} - \mu\left(\frac{\partial^2 u_\phi}{\partial r^2} + \frac{1}{r}\frac{\partial u_\phi}{\partial r} \right) \right\} = 0 \qquad (4.2.2)$$

其中各项分为不依赖于时间 t 的项(第一组)和依赖于时间 t 的项(第二组)。因为它们之间存在本质差异,所以每个组必须分别等于 0(图 4.2.1)。

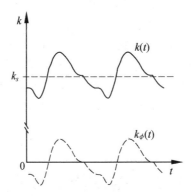

图 4.2.1　脉动压力梯度 $k(t)$ 由
常数部分 k_s 和纯振荡部分 $k_\phi(t)$
组成

　　由第一个等式可以得到方程(3.3.2),即已经讨论过的稳态流动部分;对于流动的振荡部分,第二个等式可得其控制方程,即

$$\rho\frac{\partial u_\phi}{\partial t} + \frac{\partial p_\phi}{\partial x} - \mu\left(\frac{\partial^2 u_\phi}{\partial r^2} + \frac{1}{r}\frac{\partial u_\phi}{\partial r} \right) = 0 \qquad (4.2.3)$$

方程(3.3.2)和方程(4.2.3)是完全相互独立的,因为第一个方程已经为我们解出了 u_s,第二个方程可以解 u_ϕ,具体在后续进行讨论。

56

此外,由于稳态和振荡流动方程的独立性,以及振荡流动方程与稳态流动方程相似的原因,从方程(4.2.1)可以得到压力梯度之间的关系

$$k(t) = k_s + k_\phi(t) \qquad (4.2.4)$$

其中

$$k(t) = \frac{\partial p}{\partial x}$$

$$k_s = \frac{\mathrm{d}p_s}{\mathrm{d}x}$$

$$k_\phi(t) = \frac{\partial p_\phi}{\partial x} \qquad (4.2.5)$$

因此,$k(t)$ 为脉动流的"总"压力梯度,k_s 为脉动流的稳态部分,$k_\phi(t)$ 为脉动流的纯振荡部分,如图 4.2.1 所示。

在稳态泊肃叶流动中,控制方程(3.3.2)中的压力梯度项是常数,与 x 无关,这主要是因为方程中的所有其他项都是 r 的函数,而只有压力是 x 的函数。同样的,在振荡流动中,控制方程(4.2.3)中的压力梯度项与 x 无关,原因相同,但在这里它可以是时间 t 的函数。

在稳态泊肃叶流动中,k_s 是管道两端压强差 Δp_ϕ 的度量单位,在振荡流动中是时间 t 的函数。与方程(3.4.9)类似,这里有

$$\Delta p_\phi = p_\phi(l,t) - p_\phi(0,t) = k_\phi(t)l \qquad (4.2.6)$$

l 为管道长度,$p_\phi(x,t)$ 为 t 时刻沿管道轴向位置 x 处的压强。振荡流动的控制方程可以由方程(4.2.3)得到

$$\mu\left(\frac{\partial^2 u_\phi}{\partial r^2} + \frac{1}{r}\frac{\partial u_\phi}{\partial r}\right) - \rho\frac{\partial u_\phi}{\partial t} = k_\phi(t) \qquad (4.2.7)$$

4.3　傅里叶分析

为了确定振荡问题的物理规律,必须给定驱动压力随时间变化的方式。也就是说,为了求解方程(4.2.7)得到 $u_\phi(r,t)$,必须指定 $k_\phi(t)$。我们感兴趣的是求解,并为前一节提出的由心脏产生的振荡压力建立模型,其中 $k_\phi(t)$ 是关于时间的振荡函数。然而,心脏产生的振荡压力并不是时间的简单函数,因此无法对方程(4.2.7)进行直接求解。

求解这个问题的一种方法是指定 $k_\phi(t)$ 为时间的数值函数,那么方程(4.2.7)将必须采用数值求解方法。另一种方法是,任何周期函数都可以表示为正弦和余弦函数的和,称为傅里叶(Fourier)级数。

简单地说,函数 $f(t)$ 具有周期性,如果

$$f(t+T) = f(t) \qquad (4.3.1)$$

其中 T 是函数的周期。周期函数可以用傅里叶级数[2] 表示

$$f(t) = \sum_0^\infty A_n \cos\left(\frac{2n\pi t}{T}\right) + \sum_1^\infty B_n \sin\left(\frac{2n\pi t}{T}\right)$$

$$= A_0 + A_1 \cos\left(\frac{2\pi t}{T}\right) + A_2 \cos\left(\frac{4\pi t}{T}\right) + \cdots +$$

$$B_1 \sin\left(\frac{2\pi t}{T}\right) + B_2 \sin\left(\frac{4\pi t}{T}\right) + \cdots \qquad (4.3.2)$$

其中 A 和 B 是常数,由 $f(t)$ 的特殊性质决定,由

$$A_0 = \frac{1}{2\pi} \int_0^{2\pi} f(t) \, \mathrm{d}t$$

$$A_n = \frac{1}{\pi} \int_0^{2\pi} f(t) \cos\left(\frac{2n\pi t}{T}\right) \mathrm{d}t$$

$$B_n = \frac{1}{\pi} \int_0^{2\pi} f(t) \sin\left(\frac{2n\pi t}{T}\right) \mathrm{d}t \qquad (4.3.3)$$

因此,只要是一个周期函数,方程(4.2.7)中任意形式的 $k_\phi(t)$,就可以表示为一个由一系列正弦和余弦组成的傅里叶级数,即所谓的"谐波"[2]。从方程(4.3.2)可以看出,这些谐波的性质是,第一谐波的频率与原始波形相同,第二谐波的频率是原始波形的两倍,依次类推。因此,原始合成波形可以分解成频率增加的正弦波和余弦波的"配方",之后我们将看到逐渐衰减的振幅。这使得该方法具有很重要的实际应用价值,因为通常只需要相对较少的谐波(10 个或更少)就可以合理准确地表示复合波。心脏产生的振荡波形示例如图4.3.1 所示,其前四次谐波如图 4.3.2 所示。

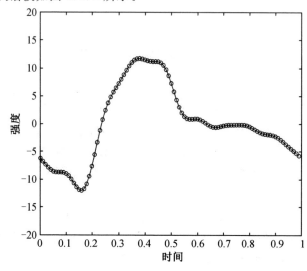

图 4.3.1 心脏产生的复合压力的典型波形,只显示了波的振荡部分,去掉了常数部分

58

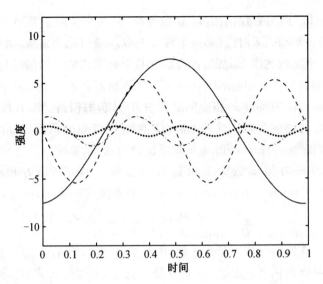

图 4.3.2　图 4.3.1 所示复合波形的前四次谐波，第一个谐
波（实线）的频率与合成波相同，然后每个后续谐波的频率
是前一个谐波的两倍，注意高次谐波的振幅递减

基于这种方法的解决方案有两个优点。首先，由于包含 u_ϕ 的方程(4.2.7)
是线性的，所以右侧的一组正弦和余弦项一次只能取一项，然后将结果相加。
因此，这个方程实际上只需要在右边加上一项正弦或余弦项。其次，当 $k_\phi(t)$ 是
一个正弦或余弦函数时，方程(4.2.7) 有一个精确的解析解，相比于数值解有
很多优势。

除了这些优点之外，在大多数实际情况下，方程(4.3.2) 中的无限傅里叶
级数可以用大约 10 项的和来近似。而解的分解和结果重新合成的过程可以由
计算机程序自动处理，程序可以处理所有烦琐的细节[3]。因此我们接下来介绍
的经典求解方法是高度理想化，因为它假定驱动压力是以正弦或余弦函数简化
的。一个更实际的求解方法是将压力变化看作是一个更一般的振荡函数，现有
求解是更实际求解方法的基本部分。

4.4　复压力梯度与贝塞尔方程

用正弦或余弦函数形式的振荡压力梯度，求解方程(4.2.7)的解是高度简
化且解析的。如果不是使用一个或其他函数，而是使用它们指数形式的复数组
合，即

$$k_\phi(t) = k_s e^{i\omega t} = k_s(\cos \omega t + i\sin \omega t) \tag{4.4.1}$$

其中 $i=\sqrt{-1}$。因为方程(4.2.7)是线性的,它的解实际上是两个解的和,一个解与 $k_\phi(t)=k_s\cos\omega t$ 对应,另一个解与 $k_\phi(t)=k_s\sin\omega t$ 对应,第一个是解的实部,而第二个是解的虚部,所以组合的解是复数形式的。这都是 $k_\phi(t)$ 选用复数组合导致的。

为了与驱动压力梯度 k_s 恒定的定常泊肃叶流动进行比较,方程(4.4.1)中振荡压力梯度的幅值取 k_s。这种方法可以将振荡流量峰值振荡速度剖面的峰值形式与恒定压力梯度 k_s 下稳态泊肃叶流动的流量、速度剖面进行比较。

给出这种压力梯度假设下振荡流的控制方程,利用方程(4.4.1)和(4.2.7),有

$$\frac{\partial^2 u_\phi}{\partial r^2}+\frac{1}{r}\frac{\partial u_\phi}{\partial r}-\frac{\rho}{\mu}\frac{\partial u_\phi}{\partial t}=\frac{k_s}{\mu}e^{i\omega t} \tag{4.4.2}$$

该方程形式允许通过分离变量来求解,也就是说,通过将 $u_\phi(r,t)$ 分解成一个只依赖于 r 的部分和一个只依赖于 t 的部分。此外,方程形式和右侧时间函数的指数形式共同决定了 u_ϕ 依赖于 t 的部分必须具有与右侧相同的指数形式。由此得出的分离变量是

$$u_\phi(r,t)=U_\phi(r)e^{i\omega t} \tag{4.4.3}$$

代入方程(4.4.2),因子 $e^{i\omega t}$ 完全消去,只留下 $U_\phi(r)$ 的常微分方程,即

$$\frac{d^2 U_\phi}{dr^2}+\frac{1}{r}\frac{dU_\phi}{dr}-\frac{i\Omega^2}{a^2}U_\phi=\frac{k_s}{\mu} \tag{4.4.4}$$

其中 a 为管径,Ω 为重要的无量纲参数,定义为

$$\Omega=\sqrt{\frac{\rho\,\omega}{\mu}}\,a \tag{4.4.5}$$

稍后我们将看到 Ω 值对解的形式有显著影响。

显然,作为一个常微分方程,方程(4.4.4)要比方程(4.4.2)简单得多。事实上,方程(4.4.4)是贝塞尔(Bessel)方程的一种形式,它有一个标准解,我们将在下一节中进行讨论[4,5]。

值得注意的是,这一简化问题的方法主要是通过选择简单的 $k_\phi(t)$ 形式来实现。然而,采用简化形式处理这个问题是基础,是处理前一节讨论的更复杂 $k_\phi(t)$ 形式的先决条件。同样需要注意的是,虽然方程(4.4.1)中的压力梯度 $k_\phi(t)$ 和方程(4.4.3)中的速度 $u_\phi(r,t)$ 在时间变量 t 上表现出相同的振荡形式,但这并不意味着压力梯度和速度的相位实际上是一致的。这样做的原因是,方程(4.4.3)中速度的另一部分,即 $U_\phi(r)$,可以从控制方程(方程(4.4.4))中 i 的存在来判断它是一个复数的实部,在下一节中我们可以看到。在方程(4.4.3)中,这个复数实部与 $e^{i\omega t}$ 的乘积改变了速度 $u_\phi(r,t)$ 的实部和虚部的相位,因此它们通常与压力梯度 $k_\phi(t)$ 的实部和虚部的相位不同。

4.5 贝塞尔方程的解

方程(4.4.4)是具有已知通解贝塞尔方程的一种形式[4,5]，即

$$U_\phi(r) = \frac{\mathrm{i}k_s a^2}{\mu\Omega^2} + AJ_0(\zeta) + BY_0(\zeta) \tag{4.5.1}$$

其中 A,B 为任意常数，J_0,Y_0 分别为 0 阶贝塞尔函数和第一、二类贝塞尔函数（图 4.5.1，图 4.5.2），满足标准贝塞尔方程

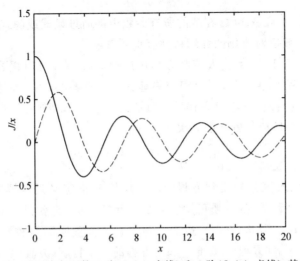

图 4.5.1 第一类贝塞尔函数，0 阶（$J_0(x)$，实线）和 1 阶（$J_1(x)$，虚线），其中 x 是实数

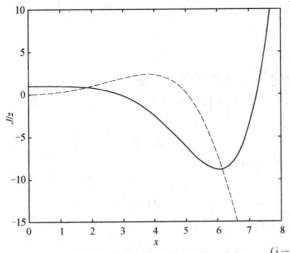

图 4.5.2 $J_0(z)$ 的实部（实线）和虚部（虚线），其中 $z = \dfrac{(\mathrm{i}-1)x}{2^{1/2}}$

$$\frac{\mathrm{d}^2 J_0}{\mathrm{d}\zeta^2} + \frac{1}{\zeta} \frac{\mathrm{d} J_0}{\mathrm{d}\zeta} + J_0 = 0 \qquad (4.5.2)$$

$$\frac{\mathrm{d}^2 Y_0}{\mathrm{d}\zeta^2} + \frac{1}{\zeta} \frac{\mathrm{d} Y_0}{\mathrm{d}\zeta} + Y_0 = 0 \qquad (4.5.3)$$

新变量 ζ 是与径向坐标 r 相关的复变量,定义为

$$\zeta(r) = \Lambda \frac{r}{a} \qquad (4.5.4)$$

其中 Λ 是与无量纲频率 Ω 相关的复频率参数

$$\Lambda = \left(\frac{\mathrm{i} - 1}{\sqrt{2}}\right) \Omega \qquad (4.5.5)$$

由于这种关系,并且 Λ 和 Ω 在解的所有参数中都通过显式或隐式出现,所以无量纲频率 Ω 的数值对流场的详细特性有重要影响。

将方程(4.5.1)的解代入控制方程(方程(4.4.4)),可以很容易地证明该解满足控制方程。事实上,可以很容易地证明,方程(4.5.1)右边的第一项是方程(4.4.4)的特解,它满足方程且不包括任何常数,方程(4.5.1)右边的第二项和第三项均满足控制方程的齐次形式,即

$$\frac{\mathrm{d}^2 U_\phi}{\mathrm{d} r^2} + \frac{1}{r} \frac{\mathrm{d} U_\phi}{\mathrm{d} r} - \frac{\mathrm{i} \Omega^2}{a^2} U_\phi = 0 \qquad (4.5.6)$$

将 $U_\phi = A J_0$ 代入该方程得到方程(4.5.2),J_0 根据定义是有解的,Y_0 也是如此。此外,从 J_0 和 Y_0 的性质可知它们是相互独立的,也就是说其中一个不能用另一个来表达。因此,方程右边的三项代表了方程通解的必要元素,即齐次方程的两个独立解(方程(4.5.6))和全方程的一个特解(方程(4.4.4))。

对于管道内流动,解必须满足管壁无滑移和沿管轴的有限速度这两个边界条件,即

$$U_\phi(a) = 0 \qquad (4.5.7)$$

$$|U_\phi(0)| < \infty \qquad (4.5.8)$$

这为确定解中的常数 A 和 B 提供了必要条件。由 $Y_0(\zeta)$ 的性质可知,当 $\zeta \to 0$ 时,$Y_0(\zeta)$ 为无穷大,且出现在管轴线上 $r = 0$[4,5]。因此方程(4.5.8)中的边界条件为

$$B = 0 \qquad (4.5.9)$$

然后给出了第一个边界条件

$$A = \frac{-\mathrm{i} k_s a^2}{\mu \Omega^2 J_0(\Lambda)} \qquad (4.5.10)$$

注意到方程(4.5.4)

$$\zeta(a) = \Lambda \qquad (4.5.11)$$

有了这些 A, B 的值,U_ϕ 的解最终为

$$U_\phi = \frac{\mathrm{i}k_s a^2}{\mu \Omega^2}\left(1 - \frac{J_0(\zeta)}{J_0(\Lambda)}\right) \qquad (4.5.12)$$

4.6　振荡速度分布

对于方程(4.4.2)振荡流速 $u_\phi(r,t)$ 的求解现已完成。利用方程(4.4.3)和(4.5.12),可以得到

$$u_\phi(r,t) = \frac{\mathrm{i}k_s a^2}{\mu \Omega^2}\left(1 - \frac{J_0(\zeta)}{J_0(\Lambda)}\right)\mathrm{e}^{\mathrm{i}\omega t} \qquad (4.6.1)$$

这是刚性管道内振荡流动的经典解,由塞克尔(Sexl)[6]、沃默斯利(Womersley)[7]、内田国(Uchida)[8] 在不同的时期以不同的形式得到,且由麦克唐纳(McDonald)[9] 和米尔诺(Milnor)[10] 进行相当详细地讨论。

解的第一项是一个常系数,它的值取决于压力梯度的幅值 k_s、管的半径 a、液体的黏度 μ 和振荡频率 Ω。在大括号内的第二项是 r 的函数,它描述了沿管道横截面上的速度分布。第三项是关于时间的函数,它在振荡周期内随时间变化而增加,从而改变速度剖面,进而产生一系列振荡速度剖面。

假设在相同半径 a 的管道中存在稳态和振荡流动,将振荡分布曲线与泊肃叶流动中的恒定抛物线分布进行比较,并将方程(4.6.1)中的 k_s 作为泊肃叶流动中的恒定压力梯度和振荡流动中的振荡压力梯度幅值。为了便于比较,将振荡流速 $u_\phi(r,t)$ 除以泊肃叶流中的最大流速 $\hat{u}_s$,分别用方程(3.4.1)和方程(4.5.5)求得

$$\frac{u_\phi(r,t)}{\hat{u}_s} = \frac{-4}{\Lambda^2}\left(1 - \frac{J_0(\zeta)}{J_0(\Lambda)}\right)\mathrm{e}^{\mathrm{i}\omega t} \qquad (4.6.2)$$

这种无量纲形式的振荡速度具有方便的标度,其中 1.0 表示速度等于对应泊肃叶流动的最大速度。

由于获得解的驱动压力梯度为复数形式(方程(4.4.1)),上述方程(4.6.2)实际上代表了两个截然不同的解:一个对应随压力梯度 k_ϕ 变化的实数部分,即 $\cos \omega t$;另一个对应随梯度 k_ϕ 变化的虚部,即 $\sin \omega t$。针对速度和压力的实部和虚部引入下列符号进行处理

$$k_\phi = k_{\phi R} + \mathrm{i}k_{\phi I} \qquad (4.6.3)$$
$$= k_s(\cos \omega t + \mathrm{i}\sin \omega t) \qquad (4.6.4)$$

这时

$$k_{\phi R} = k_s\cos \omega t, \quad k_{\phi I} = k_s\sin \omega t \qquad (4.6.5)$$

对应的速度是 u_ϕ 的实部和虚部,即

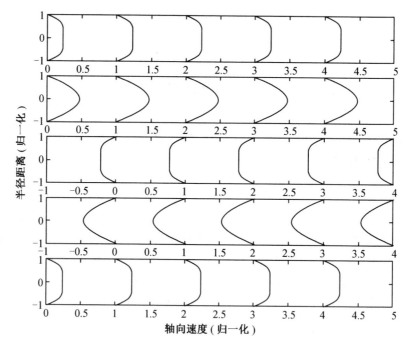

图 4.6.1　频率参数 $\Omega = 3.0$ 时,与压力梯度实部对应的刚性管道中振荡速度分布,即 $k_s \cos \omega t$。各图代表了振荡周期内不同相位角度 (ωt) 的剖面,其中最上的图中的 $\omega t = 0$,随后每一个图的相位增加 $90°$

$$u_\phi = u_{\phi R} + iu_{\phi I} = U_\phi e^{i\omega t} \tag{4.6.6}$$

$$= U_\phi (\cos \omega t + i \sin \omega t) \tag{4.6.7}$$

需要注意的是,速度的实部和虚部不随 $\cos \omega t$ 和 $\sin \omega t$ 变化,因为在 U_ϕ 的表达式中(方程(4.5.12)),Λ,ζ,$J_0(\Lambda)$,$J_0(\zeta)$ 都是复数。因此,这些表达式中速度的实部和虚部通常与压力梯度的实部和虚部不同,因此振荡压力梯度与它产生的振荡速度剖面之间存在相位差。

如果 U_ϕ 的实部和虚部分别用 $U_{\phi R}$ 和 $U_{\phi I}$ 表示,即

$$\frac{U_{\phi R}}{\hat{u}_s} = \Re \left\{ \frac{-4}{\Lambda^2} \left(1 - \frac{J_0(\zeta)}{J_0(\Lambda)} \right) \right\} \tag{4.6.8}$$

$$\frac{U_{\phi I}}{\hat{u}_s} = \Im \left\{ \frac{-4}{\Lambda^2} \left(1 - \frac{J_0(\zeta)}{J_0(\Lambda)} \right) \right\} \tag{4.6.9}$$

$$U_\phi = U_{\phi R} + iU_{\phi I} \tag{4.6.10}$$

方程(4.6.7)变为

$$u_\phi = (U_{\phi R} + iU_{\phi I})(\cos \omega t + i \sin \omega t) \tag{4.6.11}$$

u_ϕ 的实部和虚部由下式给出

$$u_{\phi R} = U_{\phi R} \cos \omega t - U_{\phi I} \sin \omega t \tag{4.6.12}$$

64

$$u_{\phi I} = U_{\phi I} \cos \omega t + U_{\phi R} \sin \omega t \tag{4.6.13}$$

为了方便计算速度的实部或虚部,附录 A 提供了 $J_0(\zeta)$ 的复数值表。

表达式(4.6.1)振荡速度剖面的形状将主要取决于振荡频率 ω,因为 ω 确定了无量纲频率 Ω,复频率 Λ,复变量 ζ,贝塞尔函数 J_0 和最终的振荡流速度 u_ϕ。图4.6.1所示为一系列振荡速度分布,速度分布对应于 $\Omega = 3.0$ 和压力梯度的实部 $k_s \cos \omega t$。

结果表明,速度分布在正方向峰值的速度剖面与反方向峰值的速度剖面之间振荡,但其相位和速度剖面振幅均与振荡压力的峰值不一致。首先,因为向前和向后的峰值压力梯度 $k_s \cos \omega t$,发生在 $\omega t = 0°, 180°$ 时,而相应的峰值速度分布发生在大约 $\omega t = 90°, 270°$。由于流体的惯性,振荡速度滞后于振荡压力。其次,因为峰值速度剖面的最大速度小于 1.0,这意味着它小于相应泊肃叶分布的最大速度。

4.7　振荡流量

对管道横截面上的振荡速度分布进行积分,得到的管道内振荡流动的体积流量 q_ϕ。由于振荡速度 $u_\phi(r,t)$ 是 r 和 t 的函数,所以积分结果是随时间变化的函数

$$q_\phi(t) = \int_0^a 2\pi r u_\phi(r,t) \,\mathrm{d}r \tag{4.7.1}$$

利用方程(4.6.1)中 $u_\phi(r,t)$ 的解,变为

$$q_\phi(t) = \frac{2\pi i k_s a^2}{\mu \Omega^2} e^{i\omega t} \int_0^a r\left(1 - \frac{J_0(\zeta)}{J_0(\Lambda)}\right) \mathrm{d}r \tag{4.7.2}$$

右边的积分计算如下

$$\int_0^a r\left(1 - \frac{J_0(\zeta)}{J_0(\Lambda)}\right) \mathrm{d}r = \frac{a^2}{\Lambda^2 J_0(\Lambda)} \int_0^\Lambda (J_0(\Lambda) - J_0(\zeta)) \zeta \,\mathrm{d}\zeta$$

$$= \frac{a^2}{2}\left(1 - \frac{2J_1(\Lambda)}{\Lambda J_0(\Lambda)}\right) \tag{4.7.3}$$

其中 J_1 是与 J_0 相关的一阶第一类贝塞尔函数

$$\int \zeta J_0(\zeta) \,\mathrm{d}\zeta = \zeta J_1(\zeta) \tag{4.7.4}$$

从而给出振荡流量

$$q_\phi(t) = \frac{i\pi k_s a^4}{\mu \Omega^2}\left(1 - \frac{2J_1(\Lambda)}{\Lambda J_0(\Lambda)}\right) e^{i\omega t} \tag{4.7.5}$$

一个振荡周期内的净流量为

$$Q_\phi = \int_0^T q_\phi(t)\,\mathrm{d}t$$

$$= \frac{\mathrm{i}\pi k_s a^4}{\mu\Omega^2}\left(1 - \frac{2J_1(\Lambda)}{\Lambda J_0(\Lambda)}\right)\int_0^T (\cos\omega t + \mathrm{i}\sin\omega t)\,\mathrm{d}t$$

$$= \frac{\mathrm{i}\pi k_s a^4}{\mu\Omega^2}\left(1 - \frac{2J_1(\Lambda)}{\Lambda J_0(\Lambda)}\right)\int_0^{2\pi} (\cos\theta + \mathrm{i}\sin\theta)\,\mathrm{d}\theta$$

$$= 0 \qquad\qquad (4.7.6)$$

其中 $T = \dfrac{2\pi}{\omega}$ 为振荡周期。结果证实,在振荡流动中,流体只作前后运动,而没有任何一个方向的净流量。

为了检验振荡周期内的流量变化,可以将方程(4.7.5)转化为无量纲形式,就像上一节中速度的处理方式。将方程(4.7.5)除以相应定常泊肃叶流动的流量,即方程(3.4.3)中的 q_s,得到

$$\frac{q_\phi(t)}{q_s} = \frac{-8}{\Lambda^2}\left(1 - \frac{2J_1(\Lambda)}{\Lambda J_0(\Lambda)}\right)\mathrm{e}^{\mathrm{i}\omega t} \qquad\qquad (4.7.7)$$

上式代表振荡流量在泊肃叶流动中相应的流量比例,值为 1.0 时表示流量与相同管道和恒定压力梯度为 k_s 的泊肃叶流动流量相等。数值计算除了需要 $J_0(\Lambda)$,还需要 $J_1(\Lambda)$ 的值,这些值可以在附录 A 中查找到。从等式右边的表达式可以清楚地看出,振荡流量在很大程度上取决于振荡频率。需要注意这个表达式是复数的,它的实部对应于压力梯度的实部,虚部对应于压力梯度的虚部。

一个振荡周期内,$\dfrac{q_\phi(t)}{q_s}$ 在中等频率($\Omega = 3.0$)下的变化规律如图 4.7.1 所示。可以看出流量在正峰值和负峰值之间振荡。在这个频率下,波峰的值明显小于 1.0,这意味着振荡流量没有达到恒压梯度为 k_s 的泊肃叶流动的流量,k_s 是振荡压力梯度的峰值。出现这个结果是由于流体的惯性,每个振荡循环中流体会被加速到峰值流动,但存在流动滞后,导致此流动的峰值流量小于对应条件下泊肃叶流动的峰值流量。后续我们将看到,这种效应随着振荡频率的增加而增强,流体越来越难以达到与对应条件下泊肃叶流动达到的峰值流量。

脉动流物理学

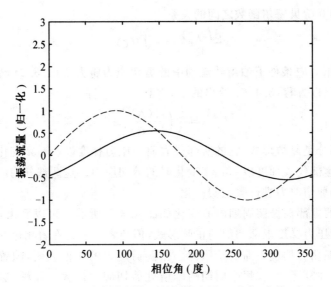

图 4.7.1　一个振荡周期下的振荡流量 q_ϕ 变化(实线) 与相应的压力梯度的变化，$k_{\phi1} = k_s \sin \omega t$(虚线)。流量峰值出现的时间晚于压力峰值，即流量波滞后于压力波。归一化峰流量小于 1.0，即相同压力梯度下的峰值流量小于对应条件的泊肃叶流动流量

4.8　振荡剪切应力

在振荡流动中，随着流体在振荡压力梯度作用下的往复运动，流体施加在管壁上的剪切应力也随着时间变化而变化

$$\tau_\phi(t) = -\mu \left(\frac{\partial u_\phi(r,t)}{\partial r} \right)_{r=a} \tag{4.8.1}$$

值得注意的是，由于这种剪切应力只由振荡速度 u_ϕ 产生，所以它是对稳态速度 u_s 所产生切应力的补充。

使用方程(4.6.1)中 $u_\phi(r,t)$ 的解，上式变为

$$\tau_\phi(t) = -\frac{ik_s a^2}{\Omega^2} \left\{ \frac{d}{dr}\left(1 - \frac{J_0(\zeta)}{J_0(\Lambda)}\right) \right\}_{r=a} e^{i\omega t}$$

$$= -\frac{ik_s a^2}{\Omega^2} \left\{ \frac{d}{d\zeta}\left(1 - \frac{J_0(\zeta)}{J_0(\Lambda)}\right) \right\}_{\zeta=\Lambda} \frac{\Lambda}{a} e^{i\omega t}$$

$$= -\frac{k_s a}{\Lambda}\left(\frac{J_1(\Lambda)}{J_0(\Lambda)}\right) e^{i\omega t} \tag{4.8.2}$$

其中，利用方程(4.5.4)和方程(4.5.5)中 ζ,Λ 和 Ω 的关系，以及如下的 1 阶贝

67

塞尔函数和 0 阶贝塞尔函数之间的关系[4,5]

$$\frac{\mathrm{d}J_0(\zeta)}{\mathrm{d}\zeta} = -J_1(\zeta) \tag{4.8.3}$$

如前所述,用对应条件下泊肃叶流动中的剪切应力将方程(4.8.2)转化为无量纲形式,即除以方程(3.4.6)给出的 τ_s,得到

$$\frac{\tau_\phi(t)}{\tau_s} = \frac{2}{\Lambda}\left(\frac{J_1(\Lambda)}{J_0(\Lambda)}\right)\mathrm{e}^{i\omega t} \tag{4.8.4}$$

上式右边部分是复数形式,它的实部代表驱动压力梯度以 $\cos \omega t$ 变化时的管壁剪切应力,虚部代表梯度以 $\sin \omega t$ 变化时的剪切应力。这两部分均以相应泊肃叶流动中的剪切应力进行数值归一化。

$\tau_\phi(t)$ 的虚部在振荡周期内的变化如图 4.8.1 所示。可以看出,它具有与驱动流动的压力梯度虚部类似的正弦形式,但两者之间存在着相位差。与振荡流速类似,振荡剪切应力滞后于压力。振荡剪应力的幅值表明,随着流体在每个方向上的往复运动,在每个周期的峰值处剪切应力最大。显然,这个最大值很大程度上取决于方程(4.8.4)中的振荡频率。图 4.8.1 表示 $\Omega = 3.0$ 时的结果,振荡剪切应力在每个周期峰值达到的最大值约为稳态泊肃叶流动时剪切力的一半。

在由定常流动和振荡流动耦合组成的脉动流中,振荡剪切应力在稳态剪切

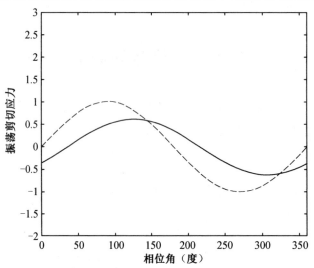

图 4.8.1 振荡剪切应力虚部(实线)与压力梯度虚部(虚线)的变化。剪切应力滞后于压力,其峰值归一化值小于 1.0,小于泊肃叶流动中相应的剪切应力。因为这里显示的剪切应力完全是由振荡流动产生,所以它来源于脉动流动中稳态部分之外的振荡流动

应力的基础或加或减,图 4.8.1 的结果表明,在这个特定频率的脉动流中,其振荡剪切应力将在高约 1.5 倍到低约 0.5 倍于稳态泊肃叶流动剪切应力的范围内脉动变化。

4.9　泵 送 功 率

与稳态泊肃叶流动一样,在脉动流中控制流动的方程可以用来判断能量消耗的平衡,特别是用来确定驱动流动所需的泵送功率。脉动流动的振荡部分不会产生任何净流量,而泵送功率需要驱动稳态流动部分,振荡部分的任何功率消耗将是一种"额外花费",会降低流动效率。在本节中,我们通过考虑振荡流中能量支出的平衡来计算这一额外消耗的部分,这与 3.5 节中基于稳态流动所做的工作相同。

我们从振荡流动的控制方程开始,即方程(4.2.7)

$$\mu\left(\frac{\partial^2 u_\phi}{\partial r^2} + \frac{1}{r}\frac{\partial u_\phi}{\partial r}\right) - \rho\frac{\partial u_\phi}{\partial t} = k_\phi(t)$$

为了便于讨论,我们回顾一下,这个方程中的速度和压强都是复数,因此这个方程实际上控制着两个独立的问题,一个是关于速度和压强的实部,另一个是关于速度和压强的虚部。使用 4.6 节中的符号,这两个控制方程变为

$$\mu\left(\frac{\partial^2 u_{\phi R}}{\partial r^2} + \frac{1}{r}\frac{\partial u_{\phi R}}{\partial r}\right) - \rho\frac{\partial u_{\phi R}}{\partial t} = k_{\phi R} \tag{4.9.1}$$

$$\mu\left(\frac{\partial^2 u_{\phi I}}{\partial r^2} + \frac{1}{r}\frac{\partial u_{\phi I}}{\partial r}\right) - \rho\frac{\partial u_{\phi I}}{\partial t} = k_{\phi I} \tag{4.9.2}$$

用这两个方程中的一个或另一个来讨论能量消耗比用复数形式的方程(方程(4.2.7))更有意义,因此,本章将针对方程(4.9.2)进行讨论,本章的其他小节已经使用过该函数,该方程对应于以 $\sin \omega t$ 变化的振荡压力梯度,针对方程(4.9.1)也可以进行类似讨论。

在稳态泊肃叶流动中,方程(4.9.2)代表单位体积中力的平衡。在稳态流动中,这个平衡方程中只有右边的驱动压力项和左边的黏性阻力项。而在当前情况下,左边增加了一个加速度项。因此,在振荡流动的任意时刻,驱动压力必须等于振荡周期内不同时刻黏性力和加速作用力彼此相加或相减后的合力。

正如 3.5 节中,我们考虑一个特定体积流体组成的圆柱形壳体,其半径为 r,长度为 l,厚度为 $\mathrm{d}r$,移动速度为 $u_{\phi I}(r,t)$。重要的是,沿管道的轴向位置 x 不是刚性管道内脉动流动的一个影响因素,因为管道内的每一个横截面具有相同的速度剖面,因此 x 不会以变量的形式出现在速度或控制方程。

如果方程(4.9.2)中的每一项都乘以这个圆柱形壳体的体积,即 $2\pi r l\,\mathrm{d}r$,

再乘以速度 $u_{\phi I}$，结果就得到与该流体体积有关的能量消耗平衡方程。写为

$$\mathrm{d}H_{vI} = \mu \left(\frac{\partial^2 u_{\phi I}}{\partial r^2} + \frac{1}{r} \frac{\partial u_{\phi I}}{\partial r} \right) \times 2\pi r l u_{\phi I} \mathrm{d}r \qquad (4.9.3)$$

$$\mathrm{d}H_{aI} = \rho \frac{\partial u_{\phi I}}{\partial t} \times 2\pi r l u_{\phi I} \mathrm{d}r \qquad (4.9.4)$$

$$\mathrm{d}H_{pI} = k_{\phi I} \times 2\pi r l u_{\phi I} \mathrm{d}r \qquad (4.9.5)$$

方程(4.9.2)变为

$$\mathrm{d}H_{vI}(r,t) - \mathrm{d}H_{aI}(r,t) = \mathrm{d}H_{pI}(r,t) \qquad (4.9.6)$$

该表述方法强调每一项都是 r 和 t 的函数，用速度和压强的虚部举例说明。下标 v,a,p 分别用来表示能量消耗与黏性耗散、加速度和压力之间的关系。如果对在稳态流动工况中对每一项沿管道横截面进行积分，解除 r 的依赖关系后，方程就变成以半径 a 和长度 l 的圆柱形流体体积内的能量消耗平衡方程。如果上述积分结果分别用 H_v, H_a, H_p 表示，则方程变为

$$H_{vI}(t) - H_{aI}(t) = H_{pI}(t) \qquad (4.9.7)$$

其中每一项为

$$H(t) = \int_{r=0}^{r=a} \mathrm{d}H(r,t) \qquad (4.9.8)$$

方程(4.9.7)表示振荡周期内每个时刻的能量消耗平衡。

如果在一个周期 $T = \frac{2\pi}{\omega}$ 内对方程(4.9.7)中的每一项进行时间积分，并分别用 E_v, E_a, E_p 表示积分结果，则方程变为

$$E_v - E_a = E_p \qquad (4.9.9)$$

其中每一项为

$$E = \int_0^T H(t) \mathrm{d}t \qquad (4.9.10)$$

方程(4.9.9)表示在一个完整振荡周期内的能量消耗平衡，不需要实部和虚部下标，因为方程在两种情况下都成立。

基于(方程4.9.3)，在振荡周期内的某一特定时刻，能量消耗的黏性耗散分量表示为

$$\begin{aligned}
H_{vI}(t) &= \int_{r=0}^{r=a} \mathrm{d}H_{vI}(r,t) \\
&= 2\pi \mu l \int_0^a u_{\phi I} \left(\frac{\partial^2 u_{\phi I}}{\partial r^2} + \frac{1}{r} \frac{\partial u_{\phi I}}{\partial r} \right) r \mathrm{d}r \\
&= 2\pi \mu l \int_{r=0}^{r=a} u_{\phi I} \frac{\partial}{\partial r} \left(r \frac{\partial u_{\phi I}}{\partial r} \right) \mathrm{d}r \\
&= 2\pi \mu l \left. \left| u_{\phi I} \frac{\partial u_{\phi I}}{\partial r} r \right|_{r=0}^{r=a} - \int_{r=0}^{r=a} \frac{\partial u_{\phi I}}{\partial r} r \mathrm{d}u_{\phi I} \right.
\end{aligned}$$

$$= -2\pi\mu l \int_0^a \left(\frac{\partial u_{\phi I}}{\partial r} \right)^2 r \mathrm{d}r \tag{4.9.11}$$

与稳态流动一样,它表示由于黏性耗散引起的能量消耗率。因为这种耗散来自振荡速度分量 $u_{\phi I}$,所以这种能量消耗完全来源于流动的振荡部分。

能量消耗的加速度分量,由方程(4.9.4)给出

$$
\begin{aligned}
H_{aI}(t) &= \int_{r=0}^{r=a} \mathrm{d}H_{aI}(r,t) \\
&= 2\pi\rho l \int_0^a u_{\phi I} \left(\frac{\partial u_{\phi I}}{\partial t} \right) r \mathrm{d}r \\
&= 2\pi\rho l \int_0^a \frac{\partial}{\partial t} \left(\frac{u_{\phi I}^2}{2} \right) r \mathrm{d}r \\
&= 2\pi l \frac{\mathrm{d}}{\mathrm{d}t} \int_0^a \left(\frac{1}{2}\rho u_{\phi I}^2 \right) r \mathrm{d}r
\end{aligned} \tag{4.9.12}
$$

如积分符号所示,上式表示加速流动所需的能量消耗,这使得流体动能增长。

能量消耗的驱动(压力)分量,用方程(4.9.5)表示

$$
\begin{aligned}
H_{pI}(t) &= \int_{r=0}^{r=a} \mathrm{d}H_{pI}(t) \\
&= l k_{\phi I} \int_0^a 2\pi r u_{\phi I} \mathrm{d}r \\
&= l k_{\phi I} q_{\phi I}
\end{aligned} \tag{4.9.13}
$$

该方程表示驱动流量所需的泵送功率,而 $q_{\phi I}$ 表示流量的虚部,由方程(4.7.5)得知

$$q_{\phi I} = \Im \left\{ \frac{\mathrm{i}\pi k_s a^4}{\mu \Omega^2} \left(1 - \frac{2J_1(\Lambda)}{\Lambda J_0(\Lambda)} \right) \mathrm{e}^{\mathrm{i}\omega t} \right\} \tag{4.9.14}$$

因此,将方程(4.9.11) ~ (4.9.13)代入方程(4.9.7),可得能量消耗的瞬态平衡为

$$-2\pi\mu l \int_0^a r \left(\frac{\partial u_{\phi I}}{\partial r} \right)^2 \mathrm{d}r + 2\pi l \frac{\mathrm{d}}{\mathrm{d}t} \int_0^a \left(\frac{1}{2}\rho u_{\phi I}^2 \right) r \mathrm{d}r$$

$$= l k_{\phi I} q_{\phi I} \tag{4.9.15}$$

由此可见,在任何时间点上,该方程右侧所示泵送功率都消耗在加速流动和克服黏性阻力所需的总能量上。随着振荡周期的进行,由于加速度项改变了符号,而黏性项没有变化,所以任何时刻的净流能量可能代表这两项的和或者差。从物理上讲,这意味着在振荡周期的加速阶段,泵送功率用于加速和黏滞耗散,而在减速阶段,流体实际上返回了一部分动能。

需要注意的是,如果泵送功率被定义为一个正的量,就像对稳态流所做的那样(方程(3.4.14)),那么我们引入

$$H_{\phi I}(t) = -l k_{\phi I} q_{\phi I} = -H_{pI} \tag{4.9.16}$$

$$H_{\phi R}(t) = -lk_{\phi R}q_{\phi R} = -H_{pR} \qquad (4.9.17)$$

振荡泵送功率的变化如图 4.9.1 所示,从图中可以看出,振荡泵送功率在一个振荡周期内有两个峰值,因为它是由 k_ϕ 和 q_ϕ 的乘积构成。该图还清楚地表明一个循环周期内功率的积分不为 0。

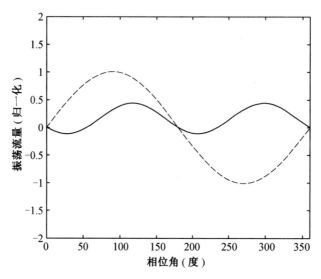

图 4.9.1　振荡泵送功率 $H_{\phi I}$ 在一个周期内的变化(实线)与相应的压力梯度 $k_{\phi I}$(虚线)。因为它是振荡压力和振荡流量的乘积,该功率在振荡周期内有两个峰值。即使净流量是 0,一个循环的功率积分不是 0,因此振荡流需要能量来维持,这种能量消耗是维持管壁能量耗散所必需的。加速和减速流的净能量消耗为 0(见正文)

若 $T = \dfrac{2\pi}{\omega}$ 为振荡周期,则一个周期内加速和减速的能量消耗为

$$
\begin{aligned}
E_a &= \int_0^T \mathrm{e}_a(t)\,\mathrm{d}t \\
&= 2\pi\rho l \int_0^{\frac{2\pi}{\omega}} \int_0^a u_{\phi I}\,\frac{\partial u_{\phi I}}{\partial t}\, r\,\mathrm{d}r\mathrm{d}t \\
&= 2\pi\rho l \int_0^a \int_0^{\frac{2\pi}{\omega}} u_{\phi I}\,\frac{\partial u_{\phi I}}{\partial t}\,\mathrm{d}t\, r\,\mathrm{d}r \\
&= 2\pi\rho l \int_0^a \left\{ \int_{t=0}^{t=\frac{2\pi}{\omega}} \mathrm{d}\!\left(\frac{u_{\phi I}^2}{2}\right) \right\} r\,\mathrm{d}r \\
&= 2\pi\rho l \int_0^a \left. \frac{u_{\phi I}^2}{2}\right|_{t=0}^{t=\frac{2\pi}{\omega}} r\,\mathrm{d}r \\
&= 2\pi\rho l \int_0^a \left. \frac{(U_{\phi I}\cos\omega t + U_{\phi R}\sin\omega t)^2}{2}\right|_{t=0}^{t=\frac{2\pi}{\omega}} r\,\mathrm{d}r \\
&= 0 \qquad\qquad\qquad\qquad\qquad\qquad\qquad (4.9.18)
\end{aligned}
$$

72

脉动流物理学

虽然加速流动所需的瞬时能量消耗 $H_a(t)$ 通常为非 0 值,但一个周期内的净消耗为 0,在某半个周期中消耗的能量在另半个周期中被回收。

因此,一个周期内需要驱动流动的振荡部分的平均能量消耗等于黏性耗散,即

$$E_p = E_v \tag{4.9.19}$$

因此,一个周期内的正的平均能量消耗率为

$$\frac{E_\phi}{\frac{2\pi}{\omega}} = \frac{1}{\frac{2\pi}{\omega}} \int_0^{\frac{2\pi}{\omega}} H_{\phi I}(t)\,\mathrm{d}t = \frac{1}{\frac{2\pi}{\omega}} \int_0^{\frac{2\pi}{\omega}} H_{\phi R}(t)\,\mathrm{d}t \tag{4.9.20}$$

$$= -\frac{l}{\frac{2\pi}{\omega}} \int_0^{\frac{2\pi}{\omega}} k_{\phi I} q_{\phi I}(t)\,\mathrm{d}t \tag{4.9.21}$$

$$= -\frac{l}{\frac{2\pi}{\omega}} \int_0^{\frac{2\pi}{\omega}} k_{\phi R} q_{\phi R}(t)\,\mathrm{d}t \tag{4.9.22}$$

将其表示为相应稳态泵送功率(方程 3.4.14)的份额,得到

$$\frac{E_\phi}{H_s \times \frac{2\pi}{\omega}} = \frac{1}{\frac{2\pi}{\omega}} \int_0^{\frac{2\pi}{\omega}} \left(\frac{k_{\phi I}}{k_s}\right)\left(\frac{q_{\phi I}}{q_s}\right)\,\mathrm{d}t \tag{4.9.23}$$

$$= \frac{1}{\frac{2\pi}{\omega}} \int_0^{\frac{2\pi}{\omega}} \left(\frac{k_{\phi R}}{k_s}\right)\left(\frac{q_{\phi R}}{q_s}\right)\,\mathrm{d}t \tag{4.9.24}$$

下一节将使用上述结论来评估在高频率和低频率下能量消耗的大小。

4.10　低频振荡流

在较低频率下,管道内振荡流动与压力变化保持同步的能力更好。事实上,在非常低的频率下,或在"0 频率"极限下,流动和压力之间的关系立即变得与稳态泊肃叶流动一样。也就是说,在振荡周期内的每一时刻,如果稳态泊肃叶流动的压力梯度等于振荡流动中该时刻的压力梯度,那么这两种情况下的速度剖面是相同的。这种情况使人联想到"振荡泊肃叶流动"一词。在这一节中,我们理论地证明了流动的这些特性,并推导出在低频下有效的近似表达式,这些表达式比涉及贝塞尔函数的一般表达式更容易使用。

当频率为 1 周 / 秒,相当于角频率为 2π 弧度 / 秒,密度为 1 gm/ cm³,黏度为 0.004 Pa·s 时,无量纲频率参数 Ω 的值,用方程(4.4.5)给出

$$\Omega = \sqrt{\frac{2\pi}{0.04}}\, a \tag{4.10.1}$$

73

其中 a 为管道半径，单位为 cm，因此对于半径为 1 cm 的管道，Ω 的值约为 12.5。因此，在人体系统中，可以将 $\Omega=1$ 代表频率参数的低值，将 $\Omega=10$ 代表中高值。

对于小量 z，贝塞尔函数 $J_0(z)$ 的一个级数展开由参考资料[4,5]给出

$$J_0(z) = 1 - \frac{z^2}{2^2} + \frac{z^4}{2^2 \times 4^2} - \frac{z^6}{2^2 \times 4^2 \times 6^2} + \cdots \quad (4.10.2)$$

该展开式用于描述脉动流方程复数解中自变量 z 的复值。使用级数的前三项得到速度剖面方程(4.6.2)中商项近似值，回顾方程(4.5.4)，$\zeta = \frac{\Lambda r}{a}$ 由下式给出

$$\begin{aligned}
\frac{J_0(\zeta)}{J_0(\Lambda)} &= \frac{J_0\left(\frac{\Lambda r}{a}\right)}{J_0(\Lambda)} \\
&\approx \left(1 - \frac{\Lambda^2 r^2}{4a^2} + \frac{\Lambda^4 r^4}{64 a^4}\right) \times \left(1 - \frac{\Lambda^2}{4} + \frac{\Lambda^4}{64}\right)^{-1} \\
&\approx \left(1 - \frac{\Lambda^2 r^2}{4a^2} + \frac{\Lambda^4 r^4}{64 a^4}\right) \times \left(1 + \frac{\Lambda^2}{4} + \frac{3\Lambda^4}{64}\right) \\
&\approx 1 + \frac{\Lambda^2}{4}\left\{\left(1 - \frac{r^2}{a^2}\right) + \frac{\Lambda^2}{16}\left(3 - \frac{4r^2}{a^2} + \frac{r^4}{a^4}\right)\right\} \quad (4.10.3)
\end{aligned}$$

每一步只保留到 4 阶(ζ^4)项。将这一结果代入方程(4.6.2)以得到速度剖面，得到近似表达式

$$\frac{u_\phi(r,t)}{\hat{u}_s} \approx \left\{\left(1 - \frac{r^2}{a^2}\right) - \frac{i\Omega^2}{16}\left(3 - \frac{4r^2}{a^2} + \frac{r^4}{a^4}\right)\right\} e^{i\omega t} \quad (4.10.4)$$

然后给出速度的实部和虚部

$$\frac{u_{\phi R}(r,t)}{\hat{u}_s} \approx \left(1 - \frac{r^2}{a^2}\right)\cos\omega t + \frac{\Omega^2}{16}\left(3 - \frac{4r^2}{a^2} + \frac{r^4}{a^4}\right)\sin\omega t \quad (4.10.5)$$

$$\frac{u_{\phi I}(r,t)}{\hat{u}_s} \approx \left(1 - \frac{r^2}{a^2}\right)\sin\omega t - \frac{\Omega^2}{16}\left(3 - \frac{4r^2}{a^2} + \frac{r^4}{a^4}\right)\cos\omega t \quad (4.10.6)$$

因为上述方程不涉及贝塞尔函数，所以比方程(4.6.2)更易使用，并且可以在频率较低时替代方程(4.6.2)。用方程(3.4.1)替换 $\hat{u}_s$，用方程(4.6.5)代入压力梯度的实部和虚部，得到

$$u_{\phi R}(r,t) \approx -\frac{k_{\phi R} a^2}{4\mu}\left\{\left(1 - \frac{r^2}{a^2}\right) + \frac{\Omega^2}{16}\left(3 - \frac{4r^2}{a^2} + \frac{r^4}{a^4}\right)\tan\omega t\right\} \quad (4.10.7)$$

$$u_{\phi I}(r,t) \approx -\frac{k_{\phi I} a^2}{4\mu}\left\{\left(1 - \frac{r^2}{a^2}\right) - \frac{\Omega^2}{16}\left(3 - \frac{4r^2}{a^2} + \frac{r^4}{a^4}\right)\cot\omega t\right\} \quad (4.10.8)$$

我们看到，当 Ω 较小时，两个表达式中的第二项可以忽略，速度和压强的关系变成

脉动流物理学

$$u_{\phi R}(r,t) \approx \frac{k_{\phi R}}{4\mu}(r^2 - a^2) \tag{4.10.9}$$

$$u_{\phi I}(r,t) \approx \frac{k_{\phi I}}{4\mu}(r^2 - a^2) \tag{4.10.10}$$

这与方程(3.3.10)中对于稳态泊肃叶流动的描述相同,但是具有瞬时的速度和压力值,因此证明了"振荡泊肃叶流动"一词的正确性。$\Omega = 1.0$ 时的速度分布如图 4.10.1 所示。

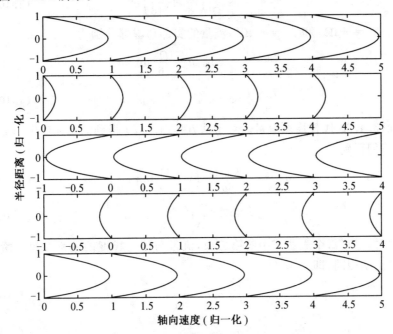

图 4.10.1　在低频($\Omega = 1.0$)下,与压力梯度的实部即 $k_s \cos \omega t$ 相对应的刚性管道内的振荡速度分布。这些图代表了振荡周期内不同相位角度(ωt)的剖面,其中顶部图像的 $\omega t = 0$,随后的每一张图像都增加了 $90°$。剖面曲线在压力梯度($\omega t = 0°, 180°$)的峰值处达到峰值,峰值处最大归一化速度值接近 1.0。因此,流动几乎是与压力梯度一致的,两者之间的关系就好像流动是泊肃叶流动一样(见正文)

对于较小的 ζ 值[4,5],我们使用 $J_1(\zeta)$ 的级数展开来求解流量

$$J_1(\zeta) = \frac{\zeta}{2} - \frac{\zeta^3}{2^2 \times 4} + \frac{\zeta^5}{2^2 \times 4^2 \times 6} + \frac{\zeta^7}{2^2 \times 4^2 \times 6^2 \times 8} + \cdots$$

$$\tag{4.10.11}$$

仅用级数的前三项就可以求出方程(4.7.7)中的商项

$$\frac{J_1(\Lambda)}{J_0(\Lambda)} \approx \frac{\Lambda}{2}\left(1 - \frac{\Lambda^2}{8} + \frac{\Lambda^4}{192}\right) \times \left(1 - \frac{\Lambda^2}{4} + \frac{\Lambda^4}{64}\right)^{-1}$$

$$\approx \frac{\Lambda}{2}\left(1 - \frac{\Lambda^2}{8} + \frac{\Lambda^4}{192}\right) \times \left(1 + \frac{\Lambda^2}{4} + \frac{3\Lambda^4}{64}\right)$$

$$\approx \frac{\Lambda}{2}\left(1 + \frac{\Lambda^2}{8} + \frac{\Lambda^4}{48}\right) \qquad (4.10.12)$$

同样,在每一步中只保留 4 阶(Λ^4)或更低阶的项。把这个结果代入方程(4.7.7),得到

$$\frac{q_\phi(t)}{q_s} \approx \frac{8\mathrm{i}}{\Omega^2}\left(\frac{\Lambda^2}{8} + \frac{\Lambda^4}{48}\right)\mathrm{e}^{\mathrm{i}\omega t} \qquad (4.10.13)$$

注意到 $\Lambda^2 = -\mathrm{i}\Omega^2$ 和 $\Lambda^4 = -\mathrm{i}\Omega^4$,流量的实部和虚部分别为

$$\frac{q_{\phi R}(t)}{q_s} \approx \cos \omega t + \frac{\Omega^2}{6}\sin \omega t \qquad (4.10.14)$$

$$\frac{q_{\phi I}(t)}{q_s} \approx \sin \omega t - \frac{\Omega^2}{6}\cos \omega t \qquad (4.10.15)$$

用方程(3.4.3)代替稳态流量。对于从方程(4.6.5)得到的压强梯度的实部和虚部,我们得到

$$q_{\phi R} \approx \frac{-k_{\phi R}\pi a^4}{8\mu}\left(1 + \frac{\Omega^2}{6}\tan \omega t\right) \qquad (4.10.16)$$

$$q_{\phi I} \approx \frac{-k_{\phi I}\pi a^4}{8\mu}\left(1 - \frac{\Omega^2}{6}\cot \omega t\right) \qquad (4.10.17)$$

在低频时,忽略每个表达式中的第二项,流量与压力梯度的关系在每一瞬间都与稳态流动相同,即

$$q_{\phi R} \approx \frac{-k_{\phi R}\pi a^4}{8\mu} \qquad (4.10.18)$$

$$q_{\phi I} \approx \frac{-k_{\phi I}\pi a^4}{8\mu} \qquad (4.10.19)$$

上式与方程(3.4.3)所示的稳态流动相同。$\Omega = 1.0$ 时的流量如图 4.10.2 所示。

同样地,略去推导过程,得到剪切应力和最大速度的表达式如下

$$\tau_{\phi R} \approx -\frac{k_{\phi R}a}{2}\left(1 + \frac{\Omega^2}{8}\tan \omega t\right) \qquad (4.10.20)$$

$$\tau_{\phi I} \approx -\frac{k_{\phi I}a}{2}\left(1 - \frac{\Omega^2}{8}\cot \omega t\right) \qquad (4.10.21)$$

$$\hat{u}_{\phi R} \approx \frac{-k_{\phi R}a^2}{4\mu}\left(1 + \frac{3\Omega^2}{16}\tan \omega t\right) \qquad (4.10.22)$$

$$\hat{u}_{\phi I} \approx \frac{-k_{\phi I}a^2}{4\mu}\left(1 - \frac{3\Omega^2}{16}\cot \omega t\right) \qquad (4.10.23)$$

在每一种情况下,如果频率低到足以忽略第二项,则关系立即变得与稳态流动相同(方程(3.4.1),(3.4.6))。如果频率较小但不可忽略,第二项可用于近似

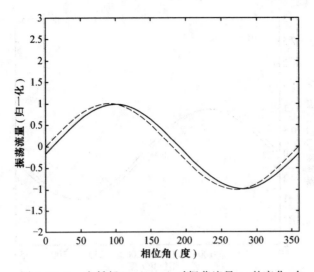

图 4.10.2   在低频($\Omega = 1.0$)时振荡流量 q_ϕ 的变化,在一个振荡周期内(实线),与相应的压力梯度变化,在这种情况下,$k_{\phi I} = k_s \sin \omega t$(虚线)。流量与压力梯度基本一致,归一化峰值流量接近 1.0。在压力梯度瞬时值的作用下,各时间点的流动都接近稳态泊肃叶流动

计算。$\Omega = 1.0$ 时的振荡剪应力如图 4.10.3 所示。

我们可以从方程(4.9.16)和方程(4.9.17)得到泵送功率,同时,方程(4.10.16)和方程(4.10.17)中流量的近似结果为

$$H_{\phi R}(t) = -l k_{\phi R} q_{\phi R}$$

$$\approx \frac{\pi a^4 l}{8\mu} k_s^2 \left(\cos^2 \omega t + \frac{\Omega^2}{6} \cos \omega t \sin \omega t \right) \qquad (4.10.24)$$

$$H_{\phi I}(t) = -l k_{\phi I} q_{\phi I}$$

$$\approx \frac{\pi a^4 l}{8\mu} k_s^2 \left(\sin^2 \omega t - \frac{\Omega^2}{6} \cos \omega t \sin \omega t \right) \qquad (4.10.25)$$

上述两式分别取决于驱动压力梯度是 k_ϕ 的实部或虚部。

有趣的是,这两个结果的和是一个独立于时间的常数,且等于稳态泊肃叶流动所需的泵送功率。因为在一个周期内的能量消耗是相同的,无论驱动压力梯度是 $k_{\phi R}$ 还是 $k_{\phi I}$,这意味着低频振荡流动中的平均泵送功率是稳态流动中相应功率的一半。这可以很容易地通过由下式来验证

$$\int_0^{2\pi} \cos^2 \omega t \, \mathrm{d}(\omega t) = \int_0^{2\pi} \sin^2 \omega t \, \mathrm{d}(\omega t) = \pi \qquad (4.10.26)$$

此时

$$\int_0^{2\pi} \cos \omega t \sin \omega t \, \mathrm{d}(\omega t) = 0 \qquad (4.10.27)$$

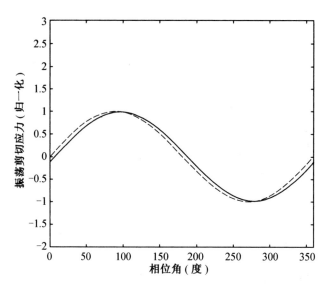

图 4.10.3　在低频（$\Omega = 1.0$）时的振荡剪切应力虚部 $\tau_{\phi I}$（实线）与压力梯度 $k_{\phi I}$ 对应的部分（虚线）。剪切应力基本与压力梯度相一致，归一化峰值剪切应力接近 1.0。在压力梯度瞬时值作用下，各时刻的剪切应力与稳态泊肃叶流动时的剪切应力相近

因此，无论流动是由压力梯度的实部还是虚部驱动，使用方程（4.9.20），（4.9.23），（4.9.24），流动中振荡部分所需的平均泵送功率，可以由下列计算式得到，其中平均泵送功率表示为稳态流动中相应功率的份额

$$\frac{E_\phi}{H_s \times \frac{2\pi}{\omega}} \approx \frac{1}{\frac{2\pi}{\omega}} \int_0^{\frac{2\pi}{\omega}} \sin^2 \omega t\, \mathrm{d}t \tag{4.10.28}$$

$$\approx \frac{1}{\frac{2\pi}{\omega}} \int_0^{\frac{2\pi}{\omega}} \cos^2 \omega t\, \mathrm{d}t \tag{4.10.29}$$

$$\approx \frac{1}{2} \tag{4.10.30}$$

由于振荡流中没有向前的净流动，这种泵送功率在某种意义上是"浪费"的，因为它没有被用于"有用的"目的。因此，低频率脉动流动中所需要的总功率等于驱动流动稳态部分即泊肃叶流动所需要的功率（H_s）加上维持流动振荡部分所需的功率（$\frac{1}{2}H_s$）。$\Omega = 1.0$ 时的泵送功率如图 4.10.4 所示。

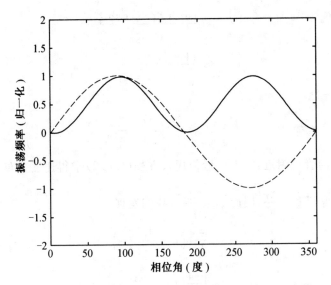

图 4.10.4　在低频（$\Omega = 1.0$）时的振荡泵送功率 $H_{\phi l}$（实线）在一个周期内与对应的压力梯度 $k_{\phi l}$（虚线）变化趋势。功率的两个峰值与压力梯度峰值重合非常紧密，在低频时，压力梯度峰值与流量峰值重合（图 4.10.2）。功率曲线下的面积，代表一个周期的净能量消耗。事实上，该面积等于稳态泊肃叶流动中相应能量消耗的一半（见正文）

4.11　高频振荡流

在高频振荡条件下，管道内流体的流动速度无法跟上压力的变化，因此在每个周期的峰值时刻，管道内的速度分布会滞后于充分发展的泊肃叶流动，且频率越高，流速峰值越低。在极限频率下，每个周期的峰值速度为 0，即流体完全不运动。一个有趣的问题是，维持 0 流量极限状态所需的泵送功率是否为 0？在这一节中，我们推导了描述高频振荡流动特性的近似表达式，它比含有贝塞尔函数的通用表达式更容易使用，且可以用来回答上述这个问题。

当 ζ 较大时，$J_0(\zeta)$ 的近似表达式由参考资料[4,5]给出

$$J_0(\zeta) \approx \frac{\sin \zeta + \cos \zeta}{\sqrt{\pi \zeta}} \tag{4.11.1}$$

为了进行代数运算，我们令 $\zeta = i\zeta_1$，得到

$$J_0(\zeta) \approx \frac{\sin(i\zeta_1) + \cos(i\zeta_1)}{\sqrt{\pi i \zeta_1}}$$

$$\approx \frac{i \sinh \zeta_1 + \cosh \zeta_1}{\sqrt{\pi i \zeta_1}}$$

$$\approx \frac{(1+i)}{2} \frac{e^{\zeta_1}}{\sqrt{\pi i \zeta_1}} \qquad (4.11.2)$$

同样,令 $\Lambda = i\Lambda$

$$J_0(\Lambda) \approx \frac{(1+i)}{2} \frac{e^{\Lambda_1}}{\sqrt{\pi i \Lambda_1}} \qquad (4.11.3)$$

在 $\frac{r}{a} \approx 1$ 处的管壁附近:将上述近似代入方程(4.6.2)求得速度分布,并从方程

(4.5.4) 中得到 $\zeta = \frac{\Lambda r}{a}$,因此 $\zeta_1 = \frac{\Lambda_1 r}{a}$,我们发现

$$\frac{u_\phi(r,t)}{\hat{u}_s} = \frac{-4}{\Lambda^2}\left(1 - \frac{J_0(\zeta)}{J_0(\Lambda)}\right) e^{i\omega t}$$

$$\approx \frac{-4}{\Lambda^2}\left(1 - \sqrt{\frac{\Lambda_1}{\zeta_1}}\, e^{(\zeta_1 - \Lambda_1)}\right) e^{i\omega t}$$

$$\approx \frac{-4}{\Lambda^2}\left(1 - \sqrt{\frac{a}{r}}\, e^{\Lambda_1\left(\frac{r}{a}-1\right)}\right) e^{i\omega t}$$

$$\approx \frac{4i}{\Lambda}\left(1 - \frac{r}{a}\right) e^{i\omega t} \qquad (4.11.4)$$

它的实部和虚部由下式给出

$$\frac{u_{\phi R}(r,t)}{\hat{u}_s} \approx \frac{2\sqrt{2}}{\Omega}\left(1 - \frac{r}{a}\right)(\cos \omega t + \sin \omega t) \qquad (4.11.5)$$

$$\frac{u_{\phi I}(r,t)}{\hat{u}_s} \approx \frac{2\sqrt{2}}{\Omega}\left(1 - \frac{r}{a}\right)(\sin \omega t - \cos \omega t) \qquad (4.11.6)$$

在管道的中心附近,$\frac{r}{a} \approx 0$,但因为高频率 Λ 比较大:为求解方程(4.6.2)速度

表达式的比值 $\frac{J_0(\zeta)}{J_0(\Lambda)}$,需要一个小量 ζ 时的 $J_0(\zeta)$ 近似值和一个大量 Λ 时的

$J_0(\Lambda)$ 展开。$\frac{J_0(\zeta)}{J_0(\Lambda)}$ 趋于 0 时,有如下关系

$$\frac{u_\phi(r,t)}{\hat{u}_s} = \frac{-4}{\Lambda^2} e^{i\omega t} \qquad (4.11.7)$$

它的实部和虚部由

$$\frac{u_{\phi R}(r,t)}{\hat{u}_s} \approx \frac{4}{\Omega^2} \sin \omega t \qquad (4.11.8)$$

$$\frac{u_{\phi I}(r,t)}{\hat{u}_s} \approx \frac{-4}{\Omega^2} \cos \omega t \qquad (4.11.9)$$

这些结果表明,在高频流动中,靠近管道的流体与靠近管壁中心的流体会受到不同的影响,从而扭曲了速度剖面的抛物线特征。管道中心区域的速度与管壁附近的速度存在一定的相位差。相比之下,低频流动时,流体受到脉动的影响更为均匀,并且正如我们在前一节中所看到的,振荡周期内的速度剖面的抛物线性质保持得相当好。$\Omega = 10$ 时的速度分布如图 4.11.1 所示。

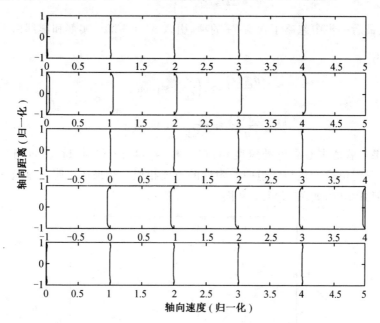

图 4.11.1　刚性管道内高频($\Omega = 10$)振荡速度分布及相应压力梯度的实部(即 $k_s \cos \omega t$)。这些图像代表了振荡周期内不同相位角(ωt)下的速度剖面,最上方的图像所示为 $\omega t = 0$ 时的速度剖面,后续每个图像表示相位角增加 $90°$ 后的速度剖面。在第二幅图像中,当速度处处接近于 0 时,速度剖面达到峰值,这意味着速度与压力梯度相位差约为 $90°$(见正文)

对于流量,我们同样使用含有较大 ζ 值的一阶贝塞尔函数进行近似,即参考资料[4,5]

$$J_1(\zeta) \approx \frac{\sin \zeta - \cos \zeta}{\sqrt{\pi \zeta}} \tag{4.11.10}$$

和前述相同,令 $\zeta = i\zeta_1$ 和 $\Lambda = i\Lambda_1$ 得到

$$J_1(\zeta) \approx \frac{(i-1)\,e^{\zeta_1}}{2\sqrt{\pi i \zeta_1}} \tag{4.11.11}$$

$$J_1(\Lambda) \approx \frac{(i-1)\,e^{\Lambda_1}}{2\sqrt{\pi i \Lambda_1}} \tag{4.11.12}$$

代入方程(4.7.7),得到

$$\frac{q_\phi(t)}{q_s} = \frac{-8i}{\Omega^2}\left(1 - \frac{2J_1(\Lambda)}{\Lambda J_0(\Lambda)}\right)e^{i\omega t}$$

$$\approx \frac{-8i}{\Omega^2}\left(1 - \frac{2}{i\Omega^2}\frac{(i-1)}{(i+1)}\right)e^{i\omega t}$$

$$\approx \frac{8}{\Omega^2}(\sin\omega t - i\cos\omega t) \tag{4.11.13}$$

其中,在最后一步中忽略了含有 $\frac{1}{\Omega^2}$ 的项,引入 $\Lambda^2 = -i\Omega^2$,实部和虚部由下列关系式给出

$$\frac{q_{\phi R}(t)}{q_s} \approx \left(\frac{8}{\Omega^2}\right)\sin\omega t \tag{4.11.14}$$

$$\frac{q_{\phi I}(t)}{q_s} \approx \left(\frac{-8}{\Omega^2}\right)\cos\omega t \tag{4.11.15}$$

这些结果与管道中心附近的速度相似(方程(4.11.8)和(4.11.9)),与预期一致的是,此时流量变化与管道中心附近的速度相似。结果还表明了流量在高频时是如何减小的,如图 4.11.2 和图 4.11.3 所示。

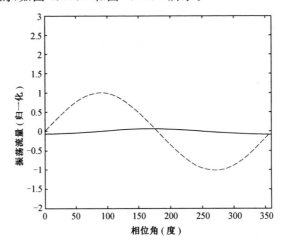

图 4.11.2　高频流动中($\Omega = 10$),在 $k_{\phi I} = k_s\cos\omega t$(虚线)的情况下,一个振荡周期内(实线)的振荡流量 q_ϕ 变化与相应的压力梯度变化(虚线)。在整个循环过程中,流速几乎为 0,但速度和压力梯度之间存在大约 90° 的相位差

忽略推导过程,给出相应的剪切应力结果如下

$$\frac{\tau_{\phi R}(r,t)}{\tau_s} \approx \left(\frac{\sqrt{2}}{\Omega}\right)(\sin\omega t + \cos\omega t) \tag{4.11.16}$$

脉动流物理学

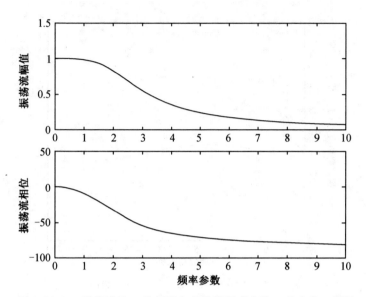

图 4.11.3　振荡流量 q_ϕ 的幅值和相位随频率参数 Ω 的变化。低频时,振荡流量幅值(按对应的稳态流量进行归一化)接近 1.0,随着频率的增加,幅值迅速下降到接近 0。相位角(表示流量和压力梯度之间的相位差,以度为单位)在低频时接近 0,但随着频率的增加,相位角迅速下降到 $-90°$

$$\frac{\tau_{\phi I}(r,t)}{\tau_s} \approx \left(\frac{\sqrt{2}}{\Omega}\right)(\sin \omega t - \cos \omega t) \tag{4.11.17}$$

在振荡周期内,$\Omega = 10$ 时剪切应力的变化如图 4.11.4 所示。

对于泵送功率,我们使用方程(4.9.16),(4.9.17)以及上面的流量结果,得到

$$\frac{H_{\phi I}}{H_s} = \left(\frac{k_{\phi I}}{k_s}\right)\left(\frac{q_{\phi I}}{q_s}\right)$$

$$\approx \frac{-8}{\Omega^2}\sin \omega t \cos \omega t \tag{4.11.18}$$

$$\frac{H_{\phi R}}{H_s} = \left(\frac{k_{\phi R}}{k_s}\right)\left(\frac{q_{\phi R}}{q_s}\right)$$

$$\approx \frac{8}{\Omega^2}\cos \omega t \sin \omega t \tag{4.11.19}$$

在这两种情况下,泵送功率在非常高的极限频率范围内消失。但是还要注意,在中等频率下,上述的表达式可以用来计算泵送功率。根据方程(4.10.27),基于上述表达式得到一个周期内的能量消耗为 0。$\Omega = 10$ 时,振荡周期内泵送功率的变化趋势如图 4.11.5 所示。

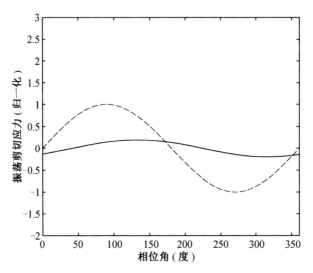

图 4.11.4　振荡剪切应力虚部 $\tau_{\phi l}$（实线）与相应的压力梯度 $k_{\phi l}$（虚线）在高频下的变化（$\Omega = 10$）。剪切应力在高频时非常低,但剪切应力与压力梯度之间存在约 $90°$ 的相位差

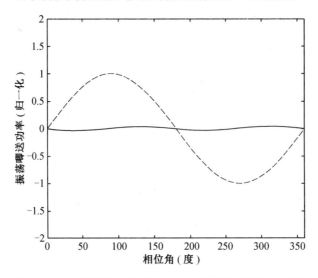

图 4.11.5　振荡泵功率 $H_{\phi l}$ 在一个周期内（实线）与对应的压力梯度 $k_{\phi l}$（虚线）在高频（$\Omega = 10$）的变化。因为振荡流量和剪切应力都接近于 0,可以预见泵送功率在高频时接近于 0。相比之下,即使前向的净流量为 0,低频时的振荡泵送功率仍是稳态时相应功率的一半

脉动流物理学

4.12　椭圆截面管道内的振荡流

到目前为止,本章所述的脉动流仅涉及圆形截面管道内的流动。非圆截面管道内流动的研究并不广泛,研究文献也较少[11-15]。实际上,椭圆截面管道内脉动流动问题具有特殊的意义,因为它提供了精确解析解的可能性。改变椭圆截面的椭圆度也会产生大范围的截面,包括特殊情况下的圆形截面。最后,具有椭圆截面的管道为"受压缩"的血管提供了一个良好的分析模型,该模型与脉动血液流动具有很高的相关性。

根据马修(Mathieu)函数[11,15,17],可以得到椭圆截面管道中脉动流控制方程的解。这些函数不像贝塞尔函数那样容易求解,也不会像圆截面管道中的解那样容易使用。本节将简要介绍该方法,并对其进行一些简化使其更易于使用,同时还将介绍一些椭圆度对管道内脉动流影响的结果。

控制流动的方程与圆形截面管道的方程相同,即方程(4.2.7)。边界条件与椭圆截面管道中稳态流动的边界条件相同,即方程(3.10.2)。

由于边界条件是在椭圆边界上规定的,所以脉动流方程的求解也只能通过转换成椭圆坐标来实现[16]

$$y = d\cosh \xi \cos \eta$$
$$z = d\sinh \xi \sin \eta \tag{4.12.1}$$

其中 y,z 为椭圆截面平面上的直角坐标,$2d$ 为椭圆两个焦点之间的距离。常数 η 的曲线代表共焦双曲线族,常数 ξ 的曲线代表共焦椭圆族,如图 4.12.1 所示。ξ 在焦点轴上从 0 变化到管壁处的 ξ_o。引入椭圆坐标 η 和 ξ,壁面无滑移的控制方程(方程(4.2.7))可以写为

$$\frac{2\mu}{d^2(\cosh 2\xi - \cos 2\eta)}\left(\frac{\partial^2 u_{\phi e}}{\partial \xi^2} + \frac{\partial^2 u_{\phi e}}{\partial \eta^2}\right) - \rho \frac{\partial u_{\phi e}}{\partial t} = k_{\phi e}(t) \tag{4.12.2}$$

$$u_{\phi e}(\xi_o, \eta) = 0 \tag{4.12.3}$$

此处如 4.2 节一样,用下标 ϕ 表示振荡流,如 3.10 节一样,用下标 e 表示椭圆截面,$k_{\phi e}$ 表示椭圆管道内的振荡压力梯度。

对于振荡压力梯度,可以参考圆截面管道内的振荡流(方程(4.4.1))得到解,即

$$k_{\phi e} = k_s \mathrm{e}^{\mathrm{i}\omega t} \tag{4.12.4}$$

为便于比较,假设圆管和椭圆管稳态流动具有相同的振幅 k_s。

已知压力梯度后,速度的振荡部分就变成了

$$u_{\phi e}(\xi, \eta, t) = U_{\phi e}(\xi, \eta)\mathrm{e}^{\mathrm{i}\omega t} \tag{4.12.5}$$

85

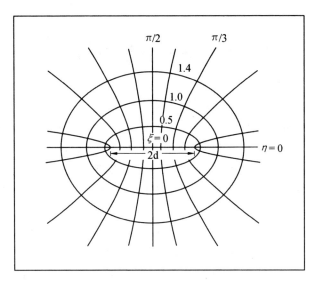

图 4.12.1　椭圆坐标系统,用于求解和描述椭圆截面管
道中的流动。参见资料[15]

控制方程最终变成了 $U_{\not\!\phi}$ 的方程,即

$$\frac{2}{d^2(\cosh 2\xi - \cos 2\eta)}\left(\frac{\partial^2 U_{\not\!\phi}}{\partial \xi^2} + \frac{\partial^2 U_{\not\!\phi}}{\partial \eta^2}\right) - \frac{\mathrm{i}\rho\omega}{\mu}U_{\not\!\phi} = \frac{k_s}{\mu} \qquad (4.12.6)$$

定义无量纲频率

$$\Omega_e = \sqrt{\frac{\rho\omega}{\mu}}\,\sigma \qquad (4.12.7)$$

其中

$$\sigma = \sqrt{\frac{2b^2 c^2}{b^2 + c^2}} \qquad (4.12.8)$$

b,c 是椭圆的半短轴和半长轴,与稳态流情况相同。

方程(4.12.6)解的形式可以由参考资料[15]获得

$$U_{\not\!\phi}(\xi,\eta) = \frac{4\hat{u}_{\not\!s}}{\mathrm{i}\Omega^2} + \sum_{n=0}^{\infty} C_{2n} Ce_{2n}(\xi, -\gamma) ce_{2n}(\eta, -\gamma) \qquad (4.12.9)$$

其中 C_{2n} 是由边界条件确定的常数,ce_{2n} 和 Ce_{2n} 分别是原始的和修正的马修函数[17],而且有

$$\gamma = \frac{\mathrm{i}\rho\omega d^2}{4\mu} \qquad (4.12.10)$$

部分速度分布曲线如图 4.12.2 所示,振荡流量如图 4.12.3 所示。

由于方程(4.12.9)中存在无穷级数以及在一般情况下求解马修函数时面临的困难,因此求解这个方程非常烦琐。然而,在特定条件下可以进行一些简化。

脉动流物理学

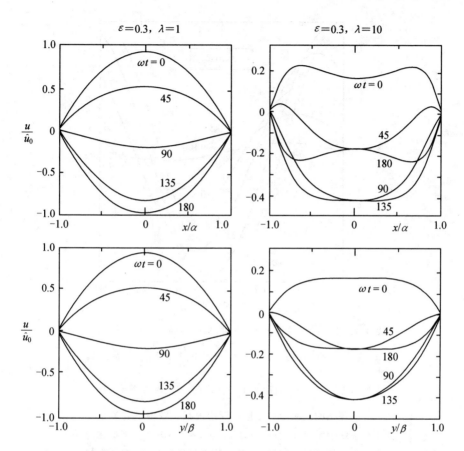

图 4.12.2   左右侧图像分别代表低频(λ＝1,左)和中高频流动(λ＝10,右)沿椭圆截面长轴(上)和短轴(下)的振荡速度分布。每个图像在振荡周期内以不同的相位 ωt 显示速度分布曲线,范围从 $\omega t = 0°$ 到 $\omega t = 180°$,图中根据对称性而省略了后半周期的图像。该图中坐标 x,y 和坐标轴 α,β 的图像来自参考资料[15],对应于本书中使用的坐标 y,z 和坐标轴 b,c。参数 λ 对应于本书中使用的频率参数 Ω_e 的平方。可以从上方长轴图像和下方短轴的速度分布呈现出的差异看出椭圆率对流动的影响,这种差异在低频时并不明显,但在高频时就变得十分明显

在较低的频率下,速度和流量可以用下列形式表示

$$u_{\phi e}(y,z,t) \approx u_{se}(y,z)\,\mathrm{e}^{\mathrm{i}\omega t} \qquad (4.12.11)$$

$$q_{\phi e}(t) \approx q_{se}\mathrm{e}^{\mathrm{i}\omega t} \qquad (4.12.12)$$

式中,u_{se} 和 q_{se} 为椭圆截面管道内稳态流动时的速度和流量(方程(3.10.3)和(3.10.4))。

在椭圆率较低($\varepsilon = \dfrac{b}{c}$)的情况下,速度和流量将非常接近圆形截面管道中的结果,管的半径被 σ 取代,事实上,$\varepsilon > 0.9$ 时的情况与圆管的差异可以

87

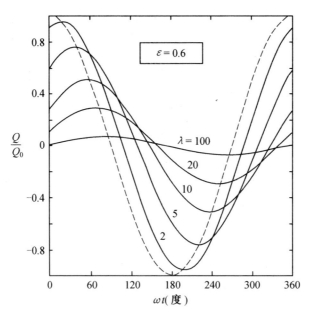

图 4.12.3 在椭圆率 $\varepsilon = 0.6$ 时，椭圆截面管道中的振荡流

量，均按对应的稳态流量归一化。图中 $\dfrac{Q}{Q_0}$ 的比值与参数 λ，

来自参考资料[15]，对应本书中使用的 $\dfrac{q_{\not e}}{q_{se}}$ 与频率参数 Ω_e 的

平方。每条曲线表示一个振荡周期内某一频率下的流量变

化。虚线表示对应的压力梯度。与圆截面管一样，流量在低

频时与压力梯度相一致，但随着频率的增加，流量与压力梯

度之间的相位差逐渐增大，流量幅值逐渐减小

忽略。

最后，我们发现在所有频率下，$\dfrac{q_{\not e}}{q_{se}}$ 比值对椭圆率 ε 的值都是高度不敏感的，

因此，将椭圆截面管的比值近似对应于圆形截面的比值，有

$$\frac{q_{\not e}(t)}{q_{se}} \approx \frac{q_{\phi}(t)}{q_{s}} \tag{4.12.13}$$

方程右边的流量是圆形截面管道中的流量（方程（3.4.3）和（4.7.5）），此时可

以使用方程（4.7.5）对椭圆截面管道中的流量进行以下近似

$$\frac{q_{\not e}(t)}{q_{se}} \approx \frac{-8}{\Lambda_e^2}\left(1 - \frac{2J_1(\Lambda_e)}{\Lambda_e J_0(\Lambda_e)}\right)e^{i\omega_e t} \tag{4.12.14}$$

其中

$$\Lambda_e = \left(\frac{i-1}{\sqrt{2}}\right)\Omega_e \tag{4.12.15}$$

88

其中 Ω_e 包含用于替代圆形截面的半径参数 σ（由方程(4.12.7) 定义）。这个流量的近似表达式显然比从方程(4.12.9) 推导出的表达式更容易使用,而且该近似表达式在全部频率和椭圆率范围内都可用。

4.13　思　考　题

1. 解释刚性管道内振荡流的一个主要特征,使它具有某些生理学特征。

2. 阐明需要哪些主要假设,可以实现分离控制刚性管道内脉动流的稳态和振荡部分的方程（如方程(4.2.2) 所示）,并解释这对所考虑的流动的限制情况。

3. 复合振荡波的谐波不是两个独立的正弦和余弦级数,而是可以用余弦级数的形式表示,其中每一项的振幅为 C,相角 Φ,用方程(4.3.2) 来表示

$$f(t) = \sum_{n=1}^{\infty} C_n \cos\left(\frac{2n\pi t}{T} + \Phi_n\right)$$

图 4.3.1 所示的复合波前 10 次谐波的振幅和相位角（以度为单位）如下

7.580 3	−173.916 8
5.412 4	88.922 2
1.521 0	−21.704 6
0.521 7	−33.537 2
0.831 1	−126.809 4
0.685 1	135.055 9
0.258 4	152.086 2
0.540 8	44.055 2
0.271 5	−72.073 8
0.099 1	11.335 4

写出图 4.3.2 所示前四次谐波的表达式,并指出图 4.3.1 所示的合成波的近似方法。

4. 用替换法表示方程(4.4.3) 中的分离变量,将偏微分方程（方程 4.4.2）简化为常微分方程（方程(4.4.4)）。

5. 贝塞尔方程解的表达式(4.5.1) 右边的第一项是方程(4.4.4) 的一个特解。用替换法表示确实满足这个方程

$$U_\phi(r) = \frac{\mathrm{i} k_s a^2}{\mu \Omega^2}$$

6. 贝塞尔方程解的表达式(4.5.1) 右边的第二项和第三项代表了方程(4.4.4) 的两个独立解。用替换法表明,每一个都满足方程(4.4.4) 的齐次

形式

$$U_\phi(r) = AJ_0(\zeta), \quad U_\phi(r) = BY_0(\zeta)$$

7. 在一个刚性管道中,以频率为 $\Omega = 3.0$ 和驱动压力梯度形式为 $k_s\cos\omega t$ 的脉动流动。使用方程(4.6.2)和附录 A 中查到的贝塞尔函数值,找到管道中心附近速度在(a)周期起始(b)经过 $\frac{1}{4}$ 周期后的结果。将结果与图 4.6.1 中的结果进行比较。

8. 在一个刚性管道中,以频率为 $\Omega = 3.0$ 和驱动压力梯度形式为 $k_s\sin\omega t$ 的脉动流动。使用方程(4.7.7)和附录 A 中查到的贝塞尔函数值,并结合图 4.7.1 的说明,找到 $\omega t \approx 150°$ 峰值流量,并将找到的结果与图 4.7.1 进行比较。

9. 图 4.9.1 所示结果表明:在振荡流中,管壁处的平均能量耗散率为非零值,因此需要一定的泵送功率来维持。脉动流由振荡和稳态两部分组成,除了稳态部分所需的泵送功率外,还需要额外"消耗"一定的泵送功率。使用方程(4.9.16)和(4.9.17)计算一个振荡周期 $\Omega = 3.0$ 内所消耗的功率的平均值,写为相应稳态流动中泵送功率的一个分数。并将结果与图 4.9.1 进行对比。

10. 用低频和高频的近似表达式比较 $\Omega = 1$ 和 $\Omega = 10$ 时的峰值流量,并将结果与图 4.11.3 中的结果进行直观对比。

11. 根据上一题目的计算结果,推导出在低频($\Omega = 1$)和高频($\Omega = 10$)下,流动落后压力梯度的相位滞后量,并将结果与图 4.11.3 进行直观对比。

12. 振荡流动中,流体的往复运动所消耗能量并不是由于流体的加减速产生的,而是由管壁的黏性耗散产生。利用第 4.10 节和第 4.11 节的结果来确定这种额外能量的消耗在高频和低频哪一种情况更高,并确定其在 $\Omega = 1$ 和 $\Omega = 10$ 时的大小,写为相应稳定流动中泵送功率的一个分数。

4.14　参 考 资 料

[1] Lighthill M,1975. Mathematical Biofluiddynamics. Society for Industrial and Applied Mathematics,Philadelphia.

[2] Walker J S,1988. Fourier Analysis. Oxford University Press,New York.

[3] Brigham E O,1988. The Fast Fourier Transform and its Applications. Prentice Hall, Englewood Cliffs,New Jersey.

[4] McLachlan N W,1955. Bessel Functions for Engineers. Clarendon Press,Oxford.

[5] Watson G N,1958. A Treatise on the Theory of Bessel Functions. Cambridge University Press,Cambridge.

[6] Sexl T,1930. Über den von E. G. Richardson entdeckten"Annulareffekt."Zeitschrift für

脉动流物理学

Physik 61:349-362.

[7]Womersley J R,1955. Oscillatory motion of a viscous liquid in a thin-walled elastic tube-I:The linear approximation for long waves. Philosophical Magazine 46:199-221.

[8]Uchida S,1956. The pulsating viscous flow superimposed on the steady laminar motion of incompressible fluid in a circular pipe. Zeitschrift für angewandte Mathematik und Physik 7:403-422.

[9]McDonald D A,1974. Blood flow in arteries. Edward Arnold,London.

[10] Milnor W R,1989. Hemodynamics. Williams and Wilkins,Baltimore.

[11]Khamrui S R,1957. On the flow of a viscous liquid through a tube of elliptic section under the influence of a periodic gradient. Bulletin of the Calcutta Mathematical Society 49:57-60.

[12]Begum R,Zamir M,1990. Flow in tubes of non-circular cross sections. In:Rahman M(ed),Ocean Waves Mechanics:Computational Fluid Dynamics and Mathematical Modeling. Computational Mechanics Publicaions,Southampton.

[13]Duan B,Zamir M,1991. Approximate solution for pulsatile flow in tubes of slightly noncircular cross-sections. Utilitas Mathematica 40:13-26.

[14]Quadir R,Zamir M,1997. Entry length and flow development in tubes of rectangular and elliptic cross sections. In:Rahman M(ed),Laminar and Turbulent Boundary Layers. Computational Mechanics Publications,Southampton.

[15]Haslam M,Zamir M,1998. Pulsatile flow in tubes of elliptic cross sections. Annals of Biomedical Engineering 26:1-8.

[16]Moon P H,Spencer D E,1961. Field Theory for Engineers. Van Nostrand,Princeton, New Jersey.

[17]McLachlan N W,1964. Theory and Application of Mathieu Functions. Dover Publications,New York.

弹性管道中的脉动流

5.1　概　　述

在刚性管道条件下,可以假设一个远离管道入口的,充分发展的区域,在该区域中流动与 x 无关,因此 u,v 相对于 x 的导数为 0。 连续性方程与管壁处的边界条件 $v=0$ 相结合,使得 v 等于 0,控制方程从而简化为(方程(3.2.9))

$$\rho \frac{\partial u}{\partial t} + \frac{\partial p}{\partial x} = \mu \left(\frac{\partial^2 u}{\partial r^2} + \frac{1}{r} \frac{\partial u}{\partial r} \right)$$

正如我们在第 4 章中看到的那样,在这种情况下,压力梯度项仅是 t 的函数,不是 x 的函数,而速度 u 则仅是 r,t 的函数,而不是 x 的函数。对于一个振荡压力梯度,速度 u 随后以相同的频率振荡,并且由于它不是 x 的函数,它将代表管道内每个横截面的速度。然后,流体主流振荡,或一同地振荡。管道是刚性的,流体没有波动。

当管道是非刚性时,由于管壁的运动,流体的径向速度 v 不再等于 0,并且即使远离管道入口,u,v 也不再与 x 无关(图 5.1.1)。方程(3.2.9)不再有效,必须回到完整的纳维－斯托克斯方程,仅假定轴向对称,即(方程(3.2.2)～(3.2.4))

$$\rho \left(\frac{\partial u}{\partial t} + u \frac{\partial u}{\partial x} + v \frac{\partial u}{\partial r} \right) + \frac{\partial p}{\partial x}$$

$$= \mu \left(\frac{\partial^2 u}{\partial x^2} + \frac{\partial^2 u}{\partial r^2} + \frac{1}{r} \frac{\partial u}{\partial r} \right)$$

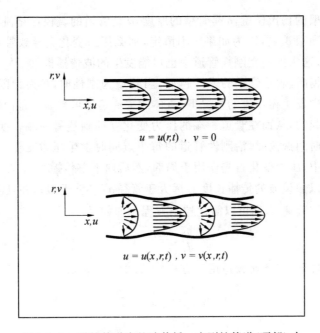

图 5.1.1　弹性管道中的波传播。在刚性管道（顶部）中流动的完全展开区域中，沿管道的每个点同时发生振荡压力变化，从而使流体大量振荡，没有波动。在弹性管道（底部）中，压力变化会引起流体和管壁的局部运动，然后以波的形式向下游传播。速度与 x 有关，径向速度 v 不再为 0

$$\rho\left(\frac{\partial v}{\partial t} + u\,\frac{\partial v}{\partial x} + v\,\frac{\partial v}{\partial r}\right) + \frac{\partial p}{\partial r}$$

$$= \mu\left(\frac{\partial^2 v}{\partial x^2} + \frac{\partial^2 v}{\partial r^2} + \frac{1}{r}\,\frac{\partial v}{\partial r} - \frac{v}{r^2}\right)$$

$$\frac{\partial u}{\partial x} + \frac{\partial v}{\partial r} + \frac{v}{r} = 0$$

这些方程与刚性管道之间最重要的区别在于：此处的 u 和 v 是 x 的函数。管道入口处的输入压力梯度是 t 的函数，但是在管道内部，压力梯度和两个速度都是 x 和 t 两个参数的函数。在管道入口处的输入振荡压力沿管道向下游传播，管内道有波动。

波动沿管道向下游传播的速度取决于管壁的弹性。如果壁厚与管道半径相比较小，并且可以忽略黏度的影响，则波速可由莫恩 — 科尔特韦数（Moen-Korteweg）公式大致给出[1-4]

$$c_0 = \sqrt{\frac{Eh}{\rho d}} \tag{5.1.1}$$

其中 E 是管壁的杨氏模量, h 是管壁的厚度, d 是管道的直径, ρ 是流体的恒定密度。最后一项很重要, 因为如果 ρ 不恒定, 那么压力变化会导致管道内流体的压缩和膨胀, 这为即使在刚性管道中也可能发生的波传播提供了另一种机制。

E 的值越高, 表示管壁的弹性越低, 当管壁为刚性时, E 为无限大。因此, 在刚性管道中发生振荡流的情况下, 流体的主流运动可被认为是由以无限速度传播的波引起的, 从而在管道一端的压力变化立即到达另一端。换句话说, 当驱动压力随时间振荡时, 沿刚性管道的每个点同时发生压力变化。相比之下, 在弹性管道中, 压力变化首先作用于局部, 然后向下游传播[5,6]。

如果可以假设波的传播长度 L 远大于管径 a (长波近似), 并且波速 c_0 远大于管道内平均流速 $\bar{u}$, 则可以简化控制方程。即如果

$$\frac{a}{L}, \frac{\bar{u}}{c_0} \ll 1 \tag{5.1.2}$$

则在这些条件下, 以下比较适用于方程(3.2.2)~(3.2.4)

$$u\frac{\partial u}{\partial x}, v\frac{\partial u}{\partial r} \ll \frac{\partial u}{\partial t}$$

$$u\frac{\partial v}{\partial x}, v\frac{\partial v}{\partial r} \ll \frac{\partial v}{\partial t}$$

$$\frac{\partial^2 u}{\partial x^2} \ll \frac{\partial^2 u}{\partial r^2}$$

$$\frac{\partial^2 v}{\partial x^2} \ll \frac{\partial^2 v}{\partial r^2} \tag{5.1.3}$$

控制方程可简化为

$$\rho\frac{\partial u}{\partial t} + \frac{\partial p}{\partial x} = \mu\left(\frac{\partial^2 u}{\partial r^2} + \frac{1}{r}\frac{\partial u}{\partial r}\right) \tag{5.1.4}$$

$$\rho\frac{\partial v}{\partial t} + \frac{\partial p}{\partial r} = \mu\left(\frac{\partial^2 v}{\partial r^2} + \frac{1}{r}\frac{\partial v}{\partial r} - \frac{v}{r^2}\right) \tag{5.1.5}$$

$$\frac{\partial u}{\partial x} + \frac{\partial v}{\partial r} + \frac{v}{r} = 0 \tag{5.1.6}$$

相比与刚性管道中仅有一个含未知量 $u(r,t)$ 的方程, 弹性管道的控制方程中, 三个应力变量有三个方程, 分别是 $u(x,r,t), v(x,r,t), p(x,r,t)$。

5.2 贝塞尔方程和解

与刚性管道一样, 当管道入口处的输入压力是简单的"正弦"振荡函数时, 可以对控制方程进行求解。然而, 在这种情况下, 如前所述, 在管道内产生的压力和流量分布在空间和时间上都是振荡的。在任何时间点, 压力和流量分布均

脉动流物理学

为关于 x 的正弦曲线,在任何固定位置,它们均为关于 t 的正弦曲线。如果将振荡视为复杂的指数函数而不是正弦或余弦函数,则分析将变得更加容易,这与刚性管道中的情况相同。在数学中,三个因变量为以下形式时,简化的控制方程是有解的

$$p(x,r,t) = P(r)\mathrm{e}^{\mathrm{i}\omega\left(t-\frac{x}{c}\right)} \tag{5.2.1}$$

$$u(x,r,t) = U(r)\mathrm{e}^{\mathrm{i}\omega\left(t-\frac{x}{c}\right)} \tag{5.2.2}$$

$$v(x,r,t) = V(r)\mathrm{e}^{\mathrm{i}\omega\left(t-\frac{x}{c}\right)} \tag{5.2.3}$$

与刚性管道的工况一样,ω 是输入压力的振荡频率,在这种情况下,管道内振荡具有相同的频率。将它们代入方程(5.1.4)～(5.1.6)后,便体现出复指数形式的分析优势,结果中的整个指数项都抵消了,剩下了 $P(r)$,$U(r)$,$V(r)$ 的常微分方程,即

$$\frac{\mathrm{d}^2 U}{\mathrm{d}r^2} + \frac{1}{r}\frac{\mathrm{d}U}{\mathrm{d}r} - \frac{\mathrm{i}\rho\omega}{\mu}U = -\frac{\mathrm{i}\omega}{\mu c}P \tag{5.2.4}$$

$$\frac{\mathrm{d}^2 V}{\mathrm{d}r^2} + \frac{1}{r}\frac{\mathrm{d}V}{\mathrm{d}r} - \left(\frac{1}{r^2}+\frac{\mathrm{i}\rho\omega}{\mu}\right)V = \frac{1}{\mu}\frac{\mathrm{d}P}{\mathrm{d}r} \tag{5.2.5}$$

$$\frac{\mathrm{d}V}{\mathrm{d}r} + \frac{V}{r} - \frac{\mathrm{i}\omega}{c}U = 0 \tag{5.2.6}$$

这些方程中的前两个为贝塞尔方程形式,具有贝塞尔函数[7,8] 的已知解。如刚性管道中的情况一样(方程(4.4.5)和方程(4.5.4),(4.5.5)),将方程变为标准形式

$$\Omega = \sqrt{\frac{\rho\omega}{\mu}}a, \quad \Lambda = \left(\frac{\mathrm{i}-1}{\sqrt{2}}\right)\Omega, \quad \zeta = \Lambda\frac{r}{a}$$

采用 ζ 表示,三个控制方程变为

$$\frac{\mathrm{d}^2 V}{\mathrm{d}\zeta^2} + \frac{1}{\zeta}\frac{\mathrm{d}U}{\mathrm{d}\zeta} + U = \frac{1}{\rho c}P \tag{5.2.7}$$

$$\frac{\mathrm{d}^2 V}{\mathrm{d}\zeta^2} + \frac{1}{\zeta}\frac{\mathrm{d}V}{\mathrm{d}\zeta} + \left(1-\frac{1}{\zeta^2}\right)V = \frac{\mathrm{i}\Lambda}{\rho a\omega}\frac{\mathrm{d}P}{\mathrm{d}\zeta} \tag{5.2.8}$$

$$\frac{\mathrm{d}V}{\mathrm{d}\zeta} + \frac{V}{\zeta} - \frac{\mathrm{i}\omega a}{c\Lambda}U = 0 \tag{5.2.9}$$

所需的边界条件是管壁处零速度和管道中心处的有限速度。因为管壁在运动,所以这些边界条件中的第一个条件出现了严重困难,这使得不可能获得方程的解析解。作为一种合理的近似,在固定的半径 a 上施加边界条件,该半径取为管壁的中性位置。因此,近似边界条件变为

$$r = a, \quad \zeta = \Lambda : U(a), V(a) = 0$$
$$r = 0, \quad \zeta = 0 : U(0), V(0) \quad \text{有限} \tag{5.2.10}$$

满足第三个方程的前两个控制方程的解,以及这些边界条件由下式给出

$$U(r) = AJ_0(\zeta) + B \frac{a\gamma}{\mu(i\Omega^2 + \gamma^2)} J_0\left(\frac{\gamma}{\Lambda}\zeta\right) \qquad (5.2.11)$$

$$V(r) = A \frac{\gamma}{\Lambda} J_1(\zeta) + B \frac{a\gamma}{\mu(i\Omega^2 + \gamma^2)} J_1\left(\frac{\gamma}{\Lambda}\zeta\right) \qquad (5.2.12)$$

$$P(r) = BJ_0\left(\frac{\gamma r}{a}\right) \qquad (5.2.13)$$

其中 A,B 是任意常数

$$\gamma = \frac{i\omega a}{c} \qquad (5.2.14)$$

通过以下假设,解可以被简化

$$\gamma \sim \left(\frac{a}{L}\right) \ll 1 \qquad (5.2.15)$$

$$J_0\left(\frac{\gamma r}{a}\right) \approx 1 \qquad (5.2.16)$$

$$J_1\left(\frac{\gamma r}{a}\right) \approx \frac{1}{2} \frac{\gamma r}{a} \qquad (5.2.17)$$

应用这些近似,解可简化为

$$U(r) = AJ_0(\zeta) + B\left(\frac{1}{\rho c}\right) \qquad (5.2.18)$$

$$V(r) = A \frac{i\omega a}{c\Lambda} J_1(\zeta) + B\left(\frac{i\omega r}{2\rho c^2}\right) \qquad (5.2.19)$$

$$P(r) = B(\text{常数}) \qquad (5.2.20)$$

常数 A,B 是通过在 $r = a$ 处匹配流体和壁面速度来确定的,这要求现在考虑管壁的运动。

5.3 力 的 平 衡

　　管壁的弹性运动由弹性方程控制,而最通用形式的弹性方程比流体流动方程复杂得多。原因是流体流动通常与三个速度分量和压力有关,而在弹性情况下,运动与三个位移分量和六个内部应力有关。以最一般的形式处理弹性问题远远超出了当前需要的范围。因此,在下面的内容中,没有考虑通用形式的弹性方程,而是简单地考虑了作用在管壁微元上的力,然后从弹性理论中仅提取达到目的所需的条件。

　　考虑一个厚度为 $h(=\delta r)$ 的管壁微元,弧长为 $a\delta\theta$,其中 a 为管道中性半径,轴向长度为 δx (图 5.3.1).微元的体积和质量分别由下式给出

$$\delta V \approx ha\delta\theta\delta x \qquad (5.3.1)$$

脉动流物理学

$$\delta m \approx \rho_w \delta V \qquad (5.3.2)$$

其中 ρ_w 是管道壁面的密度。

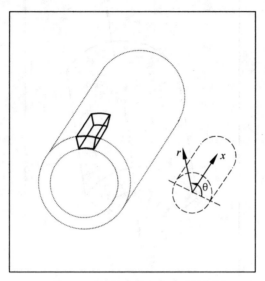

图 5.3.1　用于分析管壁运动的管壁、微元在三个坐标方向上的尺寸是 δx, δr 和 $a\delta\theta$,其中 a 是管半径。假设壁厚 h 与 a 相比较小,我们采用 $\delta r = h$,这意味着忽略了管壁内的径向梯度

作用在此管壁微元上的力由四个机械应力产生,每个机械应力都是单位面积上的力(图 5.3.2)。

(i) 管壁内的轴向张力用 S_{xx} 表示。该张力通常是 x 的函数,由于在微元长度上的变化为 δS_{xx},因此导致在 x 正方向上产生作用力,由下列公式给出

$$\delta S_{xx} \times ha\delta\theta = \frac{\partial S_{xx}}{\partial x}\delta x \times ha\delta\theta \qquad (5.3.3)$$

(ii) 由管壁内角张力产生的径向应力,用 S_r 表示,且乘以将管壁推向管道中心的力,有

$$-S_r \times a\delta\theta\delta x \qquad (5.3.4)$$

虽然 S_r 通常会在管壁厚度范围内变化,也就是说,它可能是 r 的函数。由于在管壁厚度范围内发生 δS_r 的变化,因此乘以径向力的另一部分,但该部分可以忽略,因为这里假设管壁很薄。

(iii) 管道内流体压力是作用在管壁内侧和外侧压力之间的净差,用 p_w 表示,这导致在正 r 方向产生作用力

$$p_w \times a\delta\theta\delta x \qquad (5.3.5)$$

(iv) 运动流体施加在管壁上的剪切应力 τ_w,形成一个沿流动方向的力

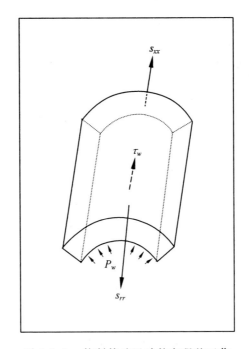

图 5.3.2　控制管壁运动的方程基于作用在管壁微元上的力平衡（图 5.3.1），此处放大显示。力来自四个应力（它们具有力／面积的大小）：管壁内的轴向张力 S_{xx}，管壁向管轴的径向拉力 S_{rr} 拉动元件，以及由角张力产生（图 5.3.3），流体在管道内表面上施加的剪切应力 τ_w，以及流体在管道内表面上径向施加的压力 p_w

$$\tau_w \times a\delta\theta\delta x \tag{5.3.6}$$

　　在三个坐标方向上，每个方向上的合力必须等于该微元在该方向上的加速度乘以其质量，从而形成每个方向上的运动方程。 如果 ξ, η, ϕ 分别代表管壁微元在 x, r, θ 方向上的位移，则轴向方向上有

$$\rho_w \times ha\delta\theta\delta x \times \frac{\mathrm{d}^2\xi}{\mathrm{d}t^2} = ha\delta\theta \times \frac{\partial S_{xx}}{\partial x}\delta x + a\delta\theta\delta x \times \tau_w \tag{5.3.7}$$

可简化为

$$\rho_w h \frac{\mathrm{d}^2\xi}{\mathrm{d}t^2} = h\frac{\partial S_{xx}}{\partial x} + \tau_w \tag{5.3.8}$$

同样地，在径向有

$$\rho_w \times ha\delta\theta\delta x \times \frac{\mathrm{d}^2\eta}{\mathrm{d}t^2} = a\delta\theta\delta x \times p_w - a\delta\theta\delta x \times S_{rr} \tag{5.3.9}$$

98

可以简化为

$$\rho_w h \frac{\mathrm{d}^2 \eta}{\mathrm{d}t^2} = p_w - S_{rr} \tag{5.3.10}$$

由于轴向对称以及在角方向上没有任何外力，角方向上的加速度为 0。 但是如前所述，由于管壁的曲率，内角应力 $S_{\theta\theta}$ 不仅会产生径向应变（壁厚的变化），还会产生径向的管壁运动。后者是由管半径的变化引起，而管半径的变化又是由管道圆形横截面周长的变化引起，即由角应变 $S_{\theta\theta}$ 引起。 实际上，当处于平衡状态时，通过使一小段管壁的径向力相等即可获得角应变与径向应变之间的有用关系（图 5.3.3），即

$$a\delta\theta \times S_{rr} = 2 \times h \times S_{\theta\theta} \times \sin\left(\frac{\delta\theta}{2}\right) \approx h S_{\theta\theta}\delta\theta \tag{5.3.11}$$

其中

$$S_{rr} = \frac{h}{a} S_{\theta\theta} \tag{5.3.12}$$

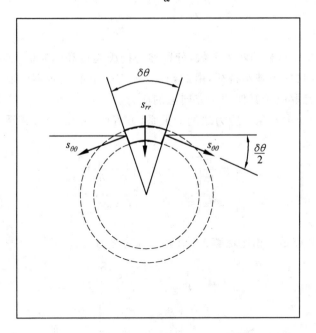

图 5.3.3　径向应力 S_{rr} 用来将管壁拉向管道的轴线，它与管壁内的角张力 $S_{\theta\theta}$ 有关（方程(5.3.12)）

5.4 壁面运动方程

为了求解这些方程,必须用位移(ξ, η)来表示壁面运动方程(方程(5.3.8),(5.3.10))中的应力$(S_{xx}, S_{rr}, S_{\theta\theta})$。这是通过发现弹性体中存在的应力－应变关系来实现的[9-11]。如前一章所述,该关系类似于流体中存在的应力与应变率之间的关系,在这种情况下,它们的关系是经验性的。

如果将轴向,径向和角度方向上的应变分别表示为e_{xx},e_{rr}和$e_{\theta\theta}$,则弹性体的应力－应变关系如下

$$e_{xx} = \frac{1}{E}\left[S_{xx} - \sigma(S_{rr} + S_{\theta\theta})\right] \tag{5.4.1}$$

$$e_{rr} = \frac{1}{E}\left[S_{rr} - \sigma(S_{\theta\theta} + S_{xx})\right] \tag{5.4.2}$$

$$e_{\theta\theta} = \frac{1}{E}\left[S_{\theta\theta} - \sigma(S_{rr} + S_{xx})\right] \tag{5.4.3}$$

其中,E, σ是弹性材料的两个常数,分别称为杨氏模量和泊松(Poisson)比。该关系表示弹性材料的基本特征,由此,在一个方向上的应变不仅取决于该方向上的应力,而且取决于其他两个方向上的应力。

利用径向应力和角向应力之间的关系(方程(5.3.12)),仅需要上述关系中的两个,即

$$e_{xx} = \frac{1}{E}\left[S_{xx} - \sigma S_{rr}\left(1 + \frac{a}{h}\right)\right] \tag{5.4.4}$$

$$e_{\theta\theta} = \frac{1}{E}\left[S_{rr}\left(\frac{a}{h} - \sigma\right) - \sigma S_{xx}\right] \tag{5.4.5}$$

假设$\frac{a}{h}$与1.0或是σ相比足够大,则上式可简化为

$$e_{xx} = \frac{1}{E}\left[S_{xx} - \frac{\sigma a}{h}S_{rr}\right] \tag{5.4.6}$$

$$e_{\theta\theta} = \frac{1}{E}\left[\frac{a}{h}S_{rr} - \sigma S_{xx}\right] \tag{5.4.7}$$

解两个应力,我们最终得到

$$S_{xx} = E_\sigma(e_{xx} + \sigma e_{\theta\theta}) \tag{5.4.8}$$

$$S_{rr} = \frac{hE_\sigma}{a}(e_{\theta\theta} + \sigma e_{xx}) \tag{5.4.9}$$

其中

$$E_\sigma = \frac{E}{1 - \sigma^2} \tag{5.4.10}$$

脉动流物理学

轴向应变由管道伸长引起,而管道伸长又由沿管道的轴向位移 ξ 的变化引起,也就是说是由 x 的函数引起。如果管道的所有微元都经受相同的轴向位移,即如果 ξ 恒定,则轴向应变为 0。更一般地,ξ 是 x 的函数,原始长度为 δx 的管壁微元将具有以下长度处于应变状态(图 5.4.1)

$$\delta x + \delta\xi = \delta x + \frac{\partial \xi}{\partial x}\delta x \qquad (5.4.11)$$

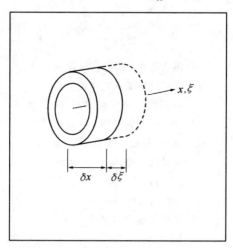

图 5.4.1　沿管壁不同点的轴向位移 ξ 通常不同。结果,原始长度为 δx 的微元可能会拉伸 $\delta\xi$,其中 $\delta\xi$ 是微元长度上的 ξ 变化

轴向应变定义为长度变化与原始长度之比,即

$$e_{xx} = \frac{1}{\delta x}\left[\delta x - \left(\delta x + \frac{\partial \xi}{\partial x}\delta x\right)\right] = \frac{\partial \xi}{\partial x} \qquad (5.4.12)$$

角应变可能以两种方式出现。第一种方式,与轴向应变类似,由于角位移 ϕ 在整个管道周围都不相同,因此,由角 $\delta\theta$ 和原始长度 $a\delta\theta$ 对应的管道段可能会改变其长度,即 梯度 $\frac{\partial \varphi}{\partial \theta}$(图 5.4.2)。然而,由于轴向对称性,在此假定该梯度为 0,因此该角应变源项为 0。另一个更重要的角应变源项是径向位移 η,它将管道的半径从中性半径 a 变为 $a+\eta$,从而改变了从 $a\delta\theta$ 到 $(a+\eta)\delta\theta$ 对应弧段的长度(图5.4.3)。角应变定义为长度变化与原始长度之比,即

$$e_{\theta\theta} = \frac{1}{a\delta\theta}[(a+\eta)\delta\theta - a\delta\theta] = \frac{\eta}{a} \qquad (5.4.13)$$

将这些结果代入公式(5.4.8),(5.4.9),轴向和径向应力的表达式变为

$$S_{xx} = E_\sigma\left(\frac{\partial \xi}{\partial x} + \sigma\frac{\eta}{a}\right) \qquad (5.4.14)$$

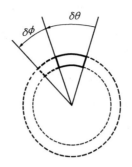

图 5.4.2 角位移 ϕ 通常在管壁周围不同位置点是不同的,导致角方向伸长。但在假定轴对称的情况下,角位移 ϕ 在管道周围是均匀的,即 $\delta\phi = 0$,因此,角伸长的源项为 0。与轴向对称性不冲突的更重要的角应变源如图 5.4.3 所示

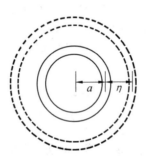

图 5.4.3 角应变的一个重要来源是管半径从 a 变为 $a+\eta$,如图所示。如文中所讨论的,所得的角应变为 $\dfrac{\eta}{a}$(方程(5.4.13))

$$S_{rr} = \frac{hE_\sigma}{a}\left(\frac{\eta}{a} + \sigma\frac{\partial \xi}{\partial x}\right) \qquad (5.4.15)$$

和方程(5.3.10)将它们代入方程(5.3.8)和(5.3.10),管壁运动方程变为

$$\frac{\partial^2 \xi}{\partial t^2} = \frac{E_\sigma}{\rho_w}\left(\frac{\partial^2 \xi}{\partial x^2} + \frac{\sigma}{a}\frac{\partial \eta}{\partial x}\right) - \frac{\tau_w}{\rho_w h} \qquad (5.4.16)$$

102

$$\frac{\partial^2 \eta}{\partial t^2} = \frac{p_w}{\rho_w h} - \frac{E_\sigma}{\rho_w a}\left(\frac{\eta}{a} + \sigma \frac{\partial \xi}{\partial x}\right) \tag{5.4.17}$$

这些方程通过压力 p_w 和剪切应力 τ_w 与流场方程耦合,耦合过程将在下一部分中讨论。

5.5　流体运动耦合

　　管壁运动通过作用于管壁的流体压力和剪切应力与流体运动耦合,如图 5.5.1 所示。在数学上,耦合通过管壁运动方程中 p_w 和 τ_w 的存在而发生(方程 (5.4.16),(5.4.17))。为求解方程,必须从流场解中确定这些流动参数,这是我们在本节中所要做的。

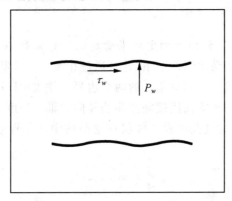

图 5.5.1　管壁的运动由运动流体在管壁内表面上施加的两个应力介导:压力 p_w 和剪切应力 τ_w

由公式(5.2.1),(5.2.20) 得出作用在管壁上的压力为

$$p_w = p(x, a, t) = B e^{i\omega\left(t - \frac{x}{c}\right)} \tag{5.5.1}$$

由公式(2.7.2),(3.4.6) 给出作用在管壁上的剪切应力为

$$\tau_w = -(\tau_{rx})_{r=a} = -\mu\left(\frac{\partial u}{\partial r} + \frac{\partial v}{\partial x}\right)_{r=a} \tag{5.5.2}$$

应用之前使用的近似值,即行波的长度比管道半径大得多,即上式的第二个梯度比第一个梯度小得多,可以忽略不计,因此我们采用

$$\tau_w = -\mu\left(\frac{\partial u}{\partial r}\right)_{r=a} \tag{5.5.3}$$

使用公式(5.2.2)中的速度结果,我们得到

$$\tau_w = -\mu\left(\frac{\mathrm{d}U(r)}{\mathrm{d}r}\right)_{r=a} e^{i\omega\left(t - \frac{x}{c}\right)} \tag{5.5.4}$$

103

并使用方程(5.2.11)中 $U(r)$ 的结果,经过一些代数运算后得出

$$\tau_w = \left(-\frac{\mu A \Lambda J_1(\Lambda)}{a} + \frac{\mu B \omega^2 a}{2 \rho c^3} \right) e^{i\omega\left(t-\frac{x}{c}\right)} \tag{5.5.5}$$

这里,再次使用了流场中采用的近似值(方程(5.2.15) $\sim$ (5.2.17))。代入 p_w 和 τ_w,壁面运动方程变为

$$\frac{\partial^2 \xi}{\partial t^2} = \frac{E_\sigma}{\rho_w}\left(\frac{\partial^2 \xi}{\partial x^2} + \frac{\sigma}{a}\frac{\partial \eta}{\partial x}\right) = -\frac{1}{\rho_w h}\left(-\frac{\mu A \Lambda J_1(\Lambda)}{a} + \frac{\mu B \omega^2 a}{2\rho c^3} \right) e^{i\omega\left(t-\frac{x}{c}\right)} \tag{5.5.6}$$

$$\frac{\partial^2 \eta}{\partial t^2} = \frac{B}{\rho_w h} e^{i\omega\left(t-\frac{x}{c}\right)} - \frac{E_\sigma}{\rho_w a}\left(\frac{\eta}{a} + \sigma\frac{\partial \xi}{\partial x}\right) \tag{5.5.7}$$

5.6 管道壁面的匹配

现在,壁面运动方程包含两个尚未确定的任意常数 A, B。这些常数提供了流体运动与管壁运动之间的联系,并且通过在流体与管壁内表面之间的界面处匹配两种运动来确定。用管壁上的两个边界条件表示匹配过程,这要求壁面的径向和轴向速度等于壁面所接触流体的径向和轴向速度。如前所述,由于壁面本身是运动的,因此这些边界条件仅在壁面的中性位置近似适用,即 $r = a$,也就是说

$$\frac{\partial \xi}{\partial t} = u(x, a, t) \tag{5.6.1}$$

$$\frac{\partial \eta}{\partial t} = v(x, a, t) \tag{5.6.2}$$

可以合理地假设壁面的轴向和径向振荡运动与流场的振荡具有相同的频率,因此可以写出

$$\xi(x, t) = C e^{i\omega\left(t-\frac{x}{c}\right)} \tag{5.6.3}$$

$$\eta(x, t) = D e^{i\omega\left(t-\frac{x}{c}\right)} \tag{5.6.4}$$

其中 C, D 是要确定的两个新常数。注意,这种形式并不意味着壁面运动与流体振荡运动同相位,因为这些常数通常是复数。在两个壁面运动方程(方程(5.4.16),(5.4.17))和两个边界条件(方程(5.6.1),(5.6.2))中代替 ξ, η 及其导数,我们得到了四个常数 A, B, C, D 的一组方程,即

$$-\omega^2 C = \frac{E_\sigma}{\rho_w}\left[-\frac{\omega^2}{c^2}C + \frac{\sigma}{a}\left(\frac{-i\omega}{c}\right)D \right] - \frac{1}{\rho_w h}\left[-\frac{\mu \Lambda J_1(\Lambda)}{a}A + \frac{\mu \omega^2 a}{2\rho c^3}B \right] \tag{5.6.5}$$

$$-\omega^2 D = \frac{B}{\rho_w h} - \frac{E_\sigma}{\rho_w a}\left[\frac{D}{a} + \sigma\left(\frac{-i\omega}{c}\right)C \right] \tag{5.6.6}$$

$$i\omega C = J_0(\Lambda)A + \frac{B}{\rho c} \tag{5.6.7}$$

$$i\omega D = \frac{i\omega a J_1(\Lambda)}{c\Lambda}A + \frac{i\omega a}{2\rho c^2}B \tag{5.6.8}$$

可以简化第一个方程,得到

$$-\frac{1}{\rho_w h} \times (-\frac{\mu\Lambda J_1(\Lambda)}{a}A + \frac{\mu\omega^2 a}{2\rho c^3}B)$$

$$= \frac{\mu}{\rho_w hca}(\Lambda J_1(\Lambda)cA - \frac{\omega^2 a^2}{2c^2}B)$$

$$\approx \frac{\mu J_1(\Lambda)\Lambda}{\rho_w ha}A \tag{5.6.9}$$

第二个方程中

$$-\omega^2 D + \frac{E_\sigma}{\rho_w a^2}D = \frac{c^2}{a^2}\left(-\frac{\omega^2 a^2}{c^2} + \frac{E_\sigma}{\rho_w c^2}\right)D \approx \frac{E_\sigma}{\rho_w a^2}D \tag{5.6.10}$$

在两种情况下,$\omega^2 a^2/c^2$ 按其 $(a/L)^2$ 数量级被忽略,其中 a 是管半径,L 是传播波的波长。

通过这些简化,A,B,C,D 四个常数组合的方程组最终为

$$-\omega^2 C = \frac{E_\sigma}{\rho_w}\left[-\frac{\omega^2}{c^2}C + \frac{\sigma}{a}\left(\frac{-i\omega}{c}\right)D\right] + \left[\frac{\mu\Lambda J_1(\Lambda)}{\rho_w ha}\right]A \tag{5.6.11}$$

$$0 = \frac{B}{\rho_w h} - \frac{E_\sigma}{\rho_w a}\left[\frac{D}{a} + \sigma\left(\frac{-i\omega}{c}\right)C\right] \tag{5.6.12}$$

$$i\omega C = J_0(\Lambda)A + \frac{B}{\rho c} \tag{5.6.13}$$

$$i\omega D = \frac{i\omega a J_1(\Lambda)}{c\Lambda}A + \frac{i\omega a}{2\rho c^2}B \tag{5.6.14}$$

5.7　波　　速

　　在上一节中获得的两个壁面运动方程和两个边界条件,为四个剩余的未知任意常数 A,B,C,D 提供了一组四个方程。另一个尚待确定的重要未知数是波速 c(不要与常数 C 混淆)。在本节中,我们将看到如何确定该速度,在下一节中,我们将处理四个任意常数。

　　方程(5.6.11)～(5.6.14)可以以 A,B,C,D 四个线性方程的形式

$$a_{11}A + a_{13}C + a_{14}D = 0 \tag{5.7.1}$$

$$a_{22}B + a_{23}C + a_{24}D = 0 \tag{5.7.2}$$

$$a_{31}A + a_{32}B + a_{33}C = 0 \tag{5.7.3}$$

$$a_{41}A + a_{42}B + a_{44}D = 0 \tag{5.7.4}$$

其中，系数由下式给出

$$a_{11} = \frac{\mu\Lambda J_1(\Lambda)}{\rho_w h a} \tag{5.7.5}$$

$$a_{13} = \omega^2\left(1 - \frac{E_\sigma}{\rho_w c^2}\right) \tag{5.7.6}$$

$$a_{14} = \frac{-\mathrm{i}\omega\sigma E_\sigma}{\rho_w a c} \tag{5.7.7}$$

$$a_{22} = \frac{1}{h} \tag{5.7.8}$$

$$a_{23} = \frac{\mathrm{i}\omega\sigma E_\sigma}{a c} \tag{5.7.9}$$

$$a_{24} = \frac{-E_\sigma}{a^2} \tag{5.7.10}$$

$$a_{31} = J_0(\Lambda) \tag{5.7.11}$$

$$a_{32} = \frac{1}{\rho c} \tag{5.7.12}$$

$$a_{33} = -\mathrm{i}\omega \tag{5.7.13}$$

$$a_{41} = \frac{\mathrm{i}\omega J_1(\Lambda)a}{c\Lambda} \tag{5.7.14}$$

$$a_{42} = \frac{\mathrm{i}\omega a}{2\rho c^2} \tag{5.7.15}$$

$$a_{44} = -\mathrm{i}\omega \tag{5.7.16}$$

因为四个方程构成的方程组是齐次的，所以仅当系数行列式为 0 时才获得非零解[12-14]，即

$$\begin{vmatrix} a_{11} & 0 & a_{13} & a_{14} \\ 0 & a_{22} & a_{23} & a_{24} \\ a_{31} & a_{32} & a_{33} & 0 \\ a_{41} & a_{42} & 0 & a_{44} \end{vmatrix} = 0$$

或是

$$a_{11}[a_{22}(a_{33}a_{44}) - a_{23}(a_{32}a_{44}) + a_{24}(-a_{42}a_{33})]$$
$$+ a_{13}[-a_{22}(a_{31}a_{44}) + a_{24}(a_{31}a_{42} - a_{41}a_{32})]$$
$$- a_{14}[-a_{22}(-a_{41}a_{33}) + a_{23}(a_{31}a_{42} - a_{41}a_{32})] = 0 \tag{5.7.17}$$

代入系数后，经过一些代数运算，得到

$$[(g-1)(\sigma^2-1)]z^2 + \left[\frac{\rho_w h}{\rho a}(g-1) + \left(2\sigma - \frac{1}{2}\right)g - 2\right]z +$$
$$\frac{2\rho_w h}{\rho a} + g = 0 \tag{5.7.18}$$

106

其中

$$z = \frac{E_\sigma h}{\rho a c^2} \tag{5.7.19}$$

$$g = \frac{2J_1(\Lambda)}{\Lambda J_0(\Lambda)} \tag{5.7.20}$$

公式(5.7.18)是关于 z 的二次方程,因此它的解提供了以流体和管壁参数表示的波速 c 的值。特别是,无黏流动中的波速由公式(5.1.1) 给出

$$c_0^2 = \frac{Eh}{2\rho a}$$

$$z = \frac{E_\sigma h}{\rho a c^2} = \frac{2}{1-\sigma^2}\left(\frac{c_0}{c}\right)^2$$

$$c = \sqrt{\frac{2}{(1-\sigma^2)z}}\, c_0 \tag{5.7.21}$$

因此, z 表征了黏性流动与无黏性流动的波速。

因为 z 是复数,所以波速 c 也是复数,因此不是真正的"速度"。无黏性流动波速 c_0 是真实的,在物理意义上是真实速度。这是波传播过程在黏性流动和无黏性流动中的对比差异。此外,尽管 c_0 仅取决于管道和流体的恒定特性,但 c 也取决于频率,因为 z 的解取决于频率。

计算其结果,很容易得出

$$\frac{1}{c} = \frac{1}{c_1} + \mathrm{i}\,\frac{1}{c_2} \tag{5.7.22}$$

因此

$$\mathrm{e}^{\mathrm{i}\omega\left(t-\frac{x}{c}\right)} = \mathrm{e}^{\mathrm{i}\omega\left(t-\frac{x}{c_1}-\frac{\mathrm{i}x}{c_2}\right)} = \mathrm{e}^{\frac{\omega x}{c_2}}\mathrm{e}^{\mathrm{i}\omega\left(t-\frac{x}{c_1}\right)} \tag{5.7.23}$$

将该波形与无黏流动中的波形进行比较,其中 $c = c_0$,对于无黏流动情况

$$\mathrm{e}^{\mathrm{i}\omega\left(t-\frac{x}{c}\right)} = \mathrm{e}^{\mathrm{i}\omega\left(t-\frac{x}{c_0}\right)} \tag{5.7.24}$$

可以看出,黏度的作用是将波的振幅从无黏性情况下的参考值 1.0 改变为黏性情况下的 $\mathrm{e}^{\frac{\omega x}{c_2}}$,这种作用通常称为"衰减"。黏度的另一个影响是将波速从无黏性情况下的 c_0 改变为黏性情况下的 c_1(方程(5.7.23),(5.7.24))。因为 c_1 取决于频率,所以对于复合波的不同谐波分量,此效应将有所不同,这种效应称为"分散"。 因此, c_1 对频率的依赖关系是解决弹性管道内脉动流问题的重要因素。

方程(5.7.18)的解为每个频率值提供了一个 c 值,因此有时被称为"频率方程"。 图 5.7.1 中的结果显示了 c 的实部和虚部随频率参数 Ω 的变化情况。 c_1 和 c_2 的结果,有时分别称为分散系数和衰减系数,如图 5.7.2 所示。

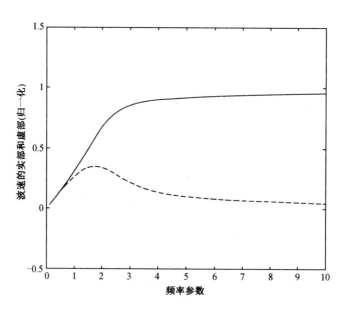

图 5.7.1　波速 c 的实部（实线）和虚部（虚线）的变化，根据无黏性流 c_0 中的波速和频率参数 Ω 归一化。随着频率增加，c 的虚部消失，而实部与 c_0 相同

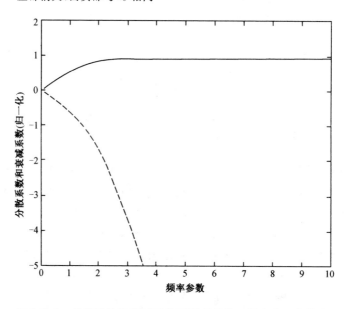

图 5.7.2　分散系数和衰减系数随频率参数 Ω 的变化。实线和虚线分别表示 c_1 和 c_2，如式（5.7.22）定义，并采用无黏性流的波速 c_0 归一化。随着频率的增加，$\frac{c_2}{c_0} \rightarrow -\infty$ 和 $\frac{c_1}{c_0} \rightarrow 1.0$，则衰减和分散效应都从等式 5.7.23 中消失

108

5.8　任　意　常　数

常数 A,B,C,D 的四个方程是一组齐次线性方程,具有 4×4 系数矩阵,其秩为 3,因此 A,B,C,D 中的一个必须保持任意[12-14]。即,该解仅能根据 $A,B,$ C,D 中的某一个确定余下的三个。流场解的结果表明,明显的选择是用 B 表示 A,C,D,因为它等于通常已知或指定的输入振荡压力的幅值。因此,根据流场解(方程(5.2.1),(5.2.20)),我们得到

$$p(x,r,t) = P(r)e^{i\omega(t-x/c)} = Be^{i\omega\left(t-\frac{x}{c}\right)} \tag{5.8.1}$$

实际上,它确定 $P(r)$ 是常数并且等于 B。因此,我们对任意常数方程组 $(5.7.1)\sim(5.7.4)$ 的求解以假定已知 B 开始,实际上表示在 $x=0$ 处的输入振荡压力幅值。

用公式(5.7.2),(5.7.4) 消除 D,然后将结果与公式(5.7.3) 合并,得出

$$A = \frac{a_{33}a_{24}a_{42} - a_{33}a_{44}a_{22} + a_{44}a_{23}a_{32}}{-a_{33}a_{24}a_{41} - a_{44}a_{23}a_{31}}B \tag{5.8.2}$$

从方程(5.7.3) 开始,得到

$$C = \frac{a_{31}A + a_{32}B}{-a_{33}} \tag{5.8.3}$$

由方程(5.7.4)

$$D = \frac{a_{41}A + a_{42}B}{-a44} \tag{5.8.4}$$

替换公式(5.7.5)~(5.7.16) 中的系数,最终得到

$$A = \frac{1}{\rho c J_0(\Lambda)}\left[\frac{2 + z(2\sigma - 1)}{z(g - 2\sigma)}\right]B \tag{5.8.5}$$

$$C = \frac{i}{\rho c\omega}\left[\frac{2 - z(1 - g)}{z(2\sigma - g)}\right]B \tag{5.8.6}$$

$$C = \frac{a}{\rho c^2}\left[\frac{g + \sigma z(g - 1)}{z(g - 2\sigma)}\right]B \tag{5.8.7}$$

其中,z,g 由方程(5.7.19),(5.7.20) 定义。

5.9　流　动　特　性

现在已经使用公式(5.2.2),(5.2.18),(5.8.5) 完全确定了轴向速度

$$u(x,r,t) = \frac{B}{\rho c}\left[1 - G\frac{J_0(\zeta)}{J_0(\Lambda)}\right]e^{i\omega\left(t-\frac{x}{c}\right)} \tag{5.9.1}$$

其中 G 为"弹性系数",由下列式子得出

$$G = \frac{2 + z(2\sigma - 1)}{z(2\sigma - g)} \quad\quad (5.9.2)$$

这是弹性管道内振荡流动问题的经典解,由摩根(Morgan),凯利(Kiely)[15] 和沃默斯利(Womersley)[16] 获得,并由其他人[17-19] 进行了范围拓展,而该解的雏形可以追溯到科得维克(Korteweg)[20],兰姆(Lamb)[21],维齐希(Witzig)[22] 和兰姆希(Lambossy)[23] 等人的开拓性工作。

为了将此结果、其他结果与管道内稳态流动的相应特性进行比较,我们回想方程(5.8.1),在当前情况下,常数 B 代表输入振荡压力的幅度,为完全解决该问必须指定 B 的值。为了进行比较,我们使振荡压力梯度的幅度等于稳态流动的恒定压力梯度,即等式(3.3.3)中定义的 k_s。然后使用等式(5.8.1)

$$p(x, r, t) = Be^{i\omega\left(t - \frac{x}{c}\right)}$$

$$\frac{\partial p}{\partial x} = -\frac{i\omega}{c}Be^{i\omega\left(t - \frac{x}{c}\right)} \quad\quad (5.9.3)$$

代入

$$-\frac{i\omega}{c}B = k_s, \quad 导出, \quad B = \frac{ic}{\omega}k_s \quad\quad (5.9.4)$$

采用稳态流动的最大速度,即等式(3.4.1),对振荡流动中的轴向速度进行无量纲化也很有用

$$\hat{u}_s = -\frac{k_s a^2}{4\mu}$$

因此,最终得到

$$\frac{u(x, r, t)}{\hat{u}_s} = \frac{-4}{\Lambda^2}\left[1 - G\frac{J_0(\zeta)}{J_0(\Lambda)}\right]e^{i\omega\left(t - \frac{x}{c}\right)} \quad\quad (5.9.5)$$

与刚性管道中脉动流的相应表达式(方程(4.6.2))进行比较表明,两者之间的差异完全包含在弹性系数 G 中。但是,由于 G 是复数,并且它的实部和虚部都取决于频率 ω,其效应不容易显现。G 的实部和虚部随频率的变化如图5.9.1所示。其对振荡速度分布的影响如图 5.9.2 ～ 5.9.4 所示,其中将其与刚性管道振荡流的相应速度分布进行了比较。

在图 5.9.2 ～ 5.9.4 的解释中,需要重点说明的是,弹性管道中的振荡流动由两类振荡组成,一类时间上的,一类空间上的。两者具有相同的频率 ω,因此具有相同的周期 $T = 2\pi/\omega$。在这个时间周期内,输入振荡压力在时间上完成一个循环,而管内压力在空间中完成一个循环,这是波传播的本质。该循环所占据的管长度是波长,$L = cT = 2\pi c/\omega$。在该管道长度上(波长),压力会完成一次往复振荡,而输入压力会在时间上完成一次往复振荡。

在图 5.9.2 ～ 5.9.4 中,每幅图中的五个平面图代表时间上的往复振荡,而

脉动流物理学

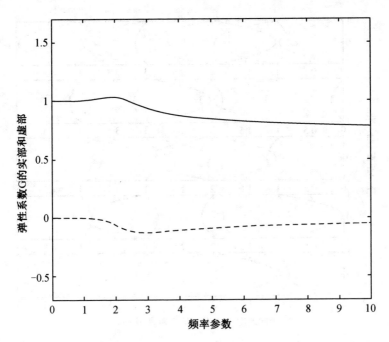

图 5.9.1　弹性系数 G 的实部（实线）和虚部（虚线），体现了刚性管道
振荡流和弹性管道振荡流之间的差异（参见正本）

每个平面图中的四个分布代表空间的往复振荡，该作用的管道长度等于波长。
因此，顶部平面中显示的五个速度曲线表示在振荡周期内固定时间点 $t=0$ 处的
速度曲线，但沿管道占据一个波长 L 的位置。这些剖面以 1/4 波长间隔等距分
布，因此在该图比例尺上，$L=4.0$。在每个随后的平面图，在振荡周期的较晚
时间，即 $t=T/4,2T/4,3T/4,4T/4$，显示了相应的图片。这三幅图代表了（$\Omega=$
$1,3,10$）低频，中频和高频时的完整图像。

　　在图 5.9.2~5.9.4 中，弹性管道和刚性管道之间的流动存在较大差异，该
差异要求在管内有一个完整波长的距离以进行观察。在短于 L 的管中，差异不
会完全体现。血管系统中管长 l 的数量级为 $l=L$ 到 $l=L/100$，因此 $L/10$ 和
$L/100$ 的结果展示在图 5.9.5,5.9.6 中，以便与图 5.9.2 中的结果做对比。$l=$
$L/100$ 的结果清楚地表明，在小 l/L 极限范围内，刚性管道和弹性管道之间的
流动差异变得很小。

　　使用等式（5.2.19），（5.8.5）的径向速度，并采用稳态流动的最大速度进
行无量纲化，得到

$$\frac{u(x,r,t)}{\hat{u}_s}=\frac{2a\omega}{\mathrm{i}\Lambda^2 c}\left[\frac{r}{a}-G\,\frac{2}{\Lambda}\,\frac{J_1(\zeta)}{J_0(\Lambda)}\right]\mathrm{e}^{\mathrm{i}\omega\left(t-\frac{x}{c}\right)} \tag{5.9.6}$$

在管道壁面上（$r=a$），公式变成

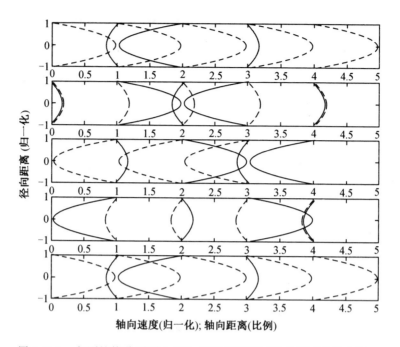

图 5.9.2　与刚性管道(虚线)相比,弹性管道(实线)的振荡速度曲线。弹性管道中的振荡流动包括两次振荡,一次时间上的,一次空间上的。两者具有相同的频率 ω,因此具有相同的周期 $T = 2\pi/\omega$。在此时间段内,输入振荡压力及时完成一个周期,而在管道的整个长度 $L = cT = 2\pi c/\omega$ 内,管道内压力在空间中完成一个周期。在此图中,五个平面图代表时间上的往复振荡,而每个图中的五个轮廓代表在等于波长 L 的管长上的空间往复振荡。因此,四个速度分布顶部图中显示的是在振荡周期内固定时间点 $t = 0$ 处的速度曲线,但沿管道一个波长 L 占主导地位。这些轮廓以 1/4 波长间隔等距分布,因此在该图的比例尺上,$L = 4.0$。在每个随后的平面图中,在振荡周期的较晚时间,即 $t = T/4, 2T/4, 3T/4, 4T/4$,显示了相应的图片。结果针对低频,$\Omega = 1.0$

$$\frac{v(x,a,t)}{\hat{u}_s} = \frac{2a\omega}{i\Lambda^2 c}[1 - Gg]e^{i\omega\left(t - \frac{x}{c}\right)} \tag{5.9.7}$$

它等于管壁的径向速度,因此特别令人关注。沿管道在一个波长上的径向速度变化如图 5.9.7 所示,频率为低频($\Omega = 1.0$)。速度按因子 $2a\omega/i\Lambda^2 c$ 缩比,因此显示的量仅为 $[1 - Gg]e^{i\omega\left(t - \frac{x}{c}\right)}$。结果模拟了管壁在振荡周期内沿管道内一个波长 L 上的运动。

脉动流物理学

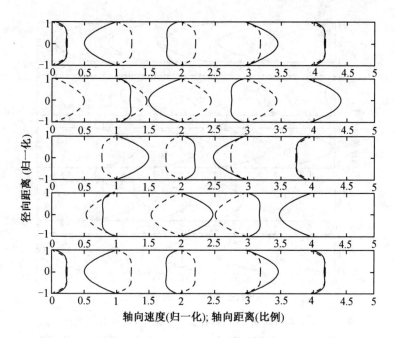

图 5.9.3　在中等频率($\Omega = 3.0$)下,弹性管道中的振荡速度曲线

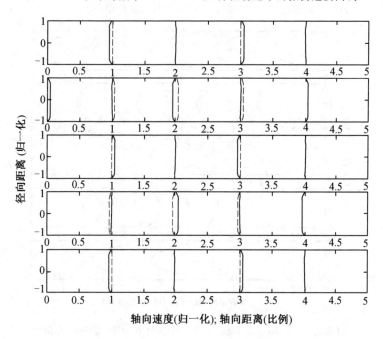

图 5.9.4　在高等频率($\Omega = 10.0$)下,弹性管道中的振荡速度曲线

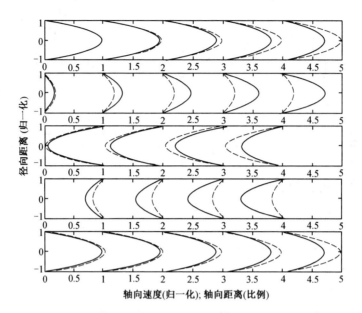

图 5.9.5　如图 5.9.2 所示,在弹性管道中,低频时的振荡速度分布,$\Omega = 1.0$,但在此处,在长度为 $l = L/10$ 的管道中,其中 L 为波长。相比之下,在图 5.9.2 中,管长和波长相等

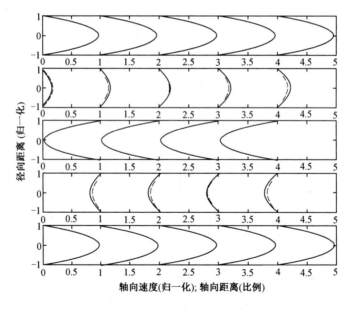

图 5.9.6　如图 5.9.2 所示,在一个弹性管道中,低频时的振动速度分布 $\Omega = 1.0$,在长度为 $l = L/100$ 的管道中,其中 L 是波长。相比之下,在图 5.9.2 中,管长和波长相等

脉动流物理学

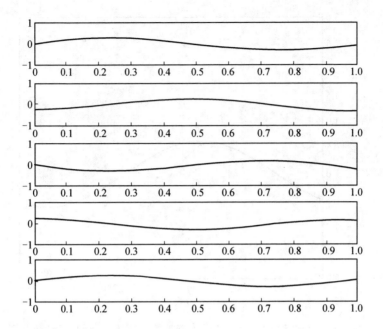

图 5.9.7　低频时($\Omega = 1.0$)的管壁径向速度 v 分布。每个图像均为管在一个波长 L(归一化为 1.0)内的速度分布结果。各个子图属于振荡周期内的不同时刻,顶部子图表示 $\omega t = 0$,之后每个子图增加 $90°$。速度以定常流中的最大速度 $\hat{u}_s$ 进行归一化,并进一步按因子 $2a\omega / i\Lambda^2 c$ 进行缩放,因此所示的量仅为 $[1 - G_g] e^{i\omega(t - x/c)}$(见正文)。以上结果模拟了管壁在振荡周期内沿整个波长 L 的运动情况

流量为

$$q(x,t) = \int_0^a 2\pi r u \, dr \qquad (5.9.8)$$

流量取决于管道半径,在这里它不是恒定的,因为在刚性管道内脉动流动的情况下是不恒定的。假设径向运动很小,则通过将 a 视为管道恒定中性半径来获得流速的近似值。采用稳态流动的流量(方程(3.4.3)中的 q_s)进行无量纲化,得出

$$\frac{q(x,t)}{q_s} = \frac{-8}{\Lambda^2}(1 - Gg) e^{i\omega\left(t - \frac{x}{c}\right)} \qquad (5.9.9)$$

与刚性管道中的相应流量相比,图 5.9.8 显示了中等频率下($\Omega = 3.0$)振荡流量的结果。可以看出,在这种频率下,两种情况之间存在的差异很小,弹性管的流量达到了比刚性管道的流量稍高的峰值。 图 5.9.9 显示了不同频率下两个峰值之间的百分比差异。弹性管道中的管壁运动使流体在管道内流动更加"容易"。

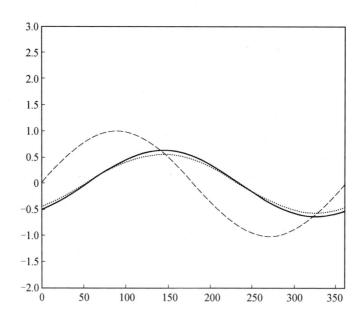

图 5.9.8　中等频率下($\Omega = 3.0$)，弹性管道（实线）与刚性管道（点状线）的振荡流量结果。虚线表示对应的压力梯度。在此频率下，两种情况的流量差异较小，弹性管道内的流量峰值略高于刚性管内的峰值

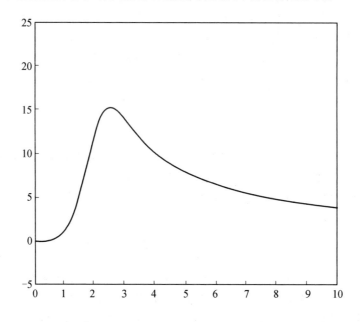

图 5.9.9　弹性管道中流量峰值与刚性管中流量峰值之间的百分比差异。在所有频率下，弹性管道内的峰值流量都较高。弹性管的壁面运动使流体在管内流动更"容易"

脉动流物理学

5.10　思　考　题

1.除了刚性管道脉动流控制方程所基于的假设外,弹性管道脉动流的简化控制方程(公式(5.1.4)～(5.1.6))还基于两个重要假设,它们是什么?

2.弹性管道脉动流动的假设是否在"硬"管或弹性更大的管道中得到更好的满足? 在较小或较大半径的管道中是否能更好地满足?

3.在刚性管道脉动流动的情况下波速是多少? 这个问题合理吗?

4.在通过弹性管道脉动流中,管道的半径不再是常数,实际上,它是沿管道的位置 x 和时间 t 的函数。 然而,在流动方程(方程(5.2.4)～(5.2.6))的基本解中,假设可以在 $r = a$(方程(5.2.10))处应用边界条件。讨论此假设的物理基础和含义。

5.用物理术语描述在通过弹性管道脉动流中作用在管壁段上的力。

6.用物理术语描述等式(5.4.16)(5.4.17)中决定着通过弹性管道脉动流中管壁部分运动的主要元素。

7. 在弹性管道中的脉动流分析中,管壁厚度远小于管半径的假设至关重要。指出分析中调用假设的要点,并讨论每种情况下的物理含义。

8.描述控制流体流量的方程与控制弹性管道中脉动流中壁运动的方程之间的分析耦合的性质。

9.用物理术语描述为解决管壁运动与管道内流场之间的耦合而必须采用的匹配条件。

10.用物理术语描述方程(5.1.1)中定义的波速 c_0 和从弹性管道中的脉动流耦合方程式的解获得的波速 c 之间的差异(方程(5.7.21))。

11.从公式(5.9.9)中获得流量,并使用附录 A 中的表格,计算弹性管道中的振荡流量与刚性管道中的振荡流量峰值之间的百分比差。对频率参数的三个不同值即 $\Omega = 1, 3, 10$ 进行计算,并直观地将结果与图 5.9.9 中的结果进行比较。

5.11　参　考　资　料

[1] Rouse H,Ince S,1957. History of Hydraulics. Dover Publications,New York.

[2]McDonald DA,1974. Blood Flow in Arteries. Edward Arnold,London.

[3]Caro CG,Pedley TJ,Schroter R C,Seed WA,1978. The Mechanics of the Circulation.

Oxford University Press, Oxford.

[4]Milnor WR, 1989. Hemodynamics. Williams and Wilkins, Baltimore.

[5]Lighthill M, 1975. Mathematical Biofluiddynamics. Society for Industrial and Applied Mathematics, Philadelphia.

[6]Fung YC, 1984. Biodynamics: Circulation. Springer-Verlag, New York.

[7]McLachlan NW, 1955. Bessel Functions for Engineers. Clarendon Press, Oxford.

[8]Watson GN, 1958. A Treatise on the Theory of Bessel Functions. Cambridge University Press, Cambridge.

[9]Sechler EE, 1968. Elasticity in Engineering. Dover Publications, New York.

[10] Wempner G, 1973. Mechanics of Solids With applications to Thin Bodies. McGraw-Hill, New York.

[11]Shames IH, Cozzarelli FA, 1992. Elastic and Inelastic Stress Analysis. Prentice Hall, Englewood Cliffs, New Jersey.

[12]Bradley GL, 1975. A Primer of Linear Algebra. Prentice Hall, Englewood Cliffs, New Jersey.

[13]Noble B, Daniel JW, 1977. Applied Linear Algebra. Prentice Hall, Englewood Cliffs, New Jersey.

[14]Lay DC, 1994. Linear Algebra and its Applications. Addison-Wesley, Reading, Massachusetts.

[15]Morgan GW, Kiely JP, 1954. Wave propagation in a viscous liquid contained in a flexible tube. Journal of Acoustical Society of America 26:323-328.

[16]Womersley JR, 1955. Oscillatory motion of a viscous liquid in a thin-walled elastic tube-I: The linear approximation for long waves. Philosophical Magazine 46:199-221.

[17]Atabek HB, lew HS, 1966. Wave propagation through a viscous incompressible fluid contained in an initially elastic tube. Biophysical Journal 6:481-503.

[18]Cox RH, 1969. Comparison of linearized wave propagation models for arterial blood flow analysis. Journal of Biomechanics 2:251-265.

[19]Ling SC, Atabek HB, 1972. A nonlinear analysis of pulsatile flow in arteries. Journal of Fluid Mechanics 55:493-511.

[20]Korteweg DJ, 1878. Über die Fortpflanzungsgeschwindigkeit des Schalles in elastischen Rohren. Annalen der Physik und Chemie 5:525-542.

[21]Lamb H, 1897. On the velocity of sound in a tube, as affected by the elasticity of the walls. Memoirs and Proceedings, Manchester Literary and Philosophical Society A42:1-16.

[22]Witzig K, 1914. Über erzwungene Wellenbewegungen zäher, inkompressibler Flüssigkeiten in elastischen Rohren. Inaugural Dissertation, Universität Bern, K. J. Wyss, Bern.

[23]Lambossy P, 1950. Apercu historique et critique sur le probleme de la propagation des ondes dans un liquide compressible enferme dans un tube elastique. Helvetica Physiologica et Pharmalogica Acta 8:209-227.

波 的 反 射

第

6

章

6.1　概　述

在第 5 章,我们讨论了描述弹性管道中的脉动流动方程,在弹性管道与刚性管道中该方程的解略有不同。求解弹性管道中的脉动流动方程需要进行一系列简化假设,特别是假定管壁较薄且只有轻微的弹性这两个条件,这样管壁径向位移较小且波速较高。上述假设非常适合描述心血管系统。此外,在弹性管道求解中隐含了另一个假设是管壁没有被"拴住",意味着它在流场作用力下可以自由移动。在心血管系统中,许多血管实际上不同程度地与周围组织拴在一起,其作用主要是增加血管壁的质量和刚度[1-3],这与薄壁假设有一定的矛盾,但还是符合低弹性这一假设。

通过对比前两章的结果:刚性管道内流动是描述弹性管道内流动的一个合理模型,因为在这两种情况下获得的速度场仅有细微的区别,而且该模型所采用的假设也非常合理。然而,由于弹性管道脉动流与刚性管道中的脉动流具有根本性区别,因此用刚性管脉动流描述弹性管脉动流得到的结论将导致严重错误。在弹性管道中,无论管道的弹性有多小,流动都以波的形式沿管道向下游传播,且面对任何障碍都能被反射。由于所有血管都具有一定的弹性,且血管树中以血管分叉的形式存在大量障碍,因此在脉动血流中,波的反射无处不在。血管弹性维持着波的运动,无处不在的血管分叉不断产生波的反射,并贯穿整个血管系统[4-7]。

119

在刚性管道条件下,因为没有波的运动,所以波反射的可能性并不存在。在刚性管道中,对于刚性材料,杨氏模量 E 无限大,因此莫恩－科尔特韦格公式(方程(5.1.1))所定义的波速也是无限大的。波以无限大的速度传播,相当于把流动或压力的变化立即传送到管道的每一个部分。因此,在这个极限下的"传播"退化为"主流运动",即整个流体的运动是一致的(图4.6.1)。在面对障碍物时,由于在这种情况下没有波动,因此主流流动以某种短暂的形式"中断"了,而不是像波反射那样被"反射"。

由于反射波与前向波结合(图6.1.1)产生了一种新的压力－流动关系[8],因此弹性管道内的波反射对管道内的压力和流动具有一定的调节作用。如果有许多来自不同反射点的反射波,就不容易预测或计算出压力－流动关系。因此,前两章的结果并没有描述刚性管道和弹性管道中脉动流最重要的区别,这是因为这两章的分析没有包括波反射效应。

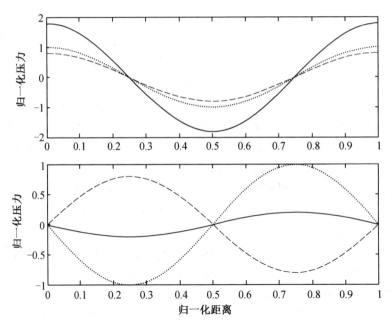

图 6.1.1　波在管道中的反射效应。以沿管道归一化距离 $\bar{x}$ 展示的压力分布,其中入口处 $\bar{x}=0$,出口出 $\bar{x}=1.0$。前向压力波(用点状线表示)在出口处反射,产生后向移动的波(用虚线表示)。管道内的压力分布(用实线表示)是前向和后向两波之和,因此受反射波的性质和范围的影响很大。在上方的图中,向前的余弦波在 80% 处反射。在下方的图中,正弦波也是如此。在这两种情况下,波的长度正好等于管道的长度。我们稍后会看到所有这些因素是如何影响管道内最终的压力分布

　　为了引入波反射的影响,分析方法必须简化,因为所关心的问题通常涉及许多压力波和流动波的叠加。上一章的方法详细地描述了单个压力波或流动波在管道整个截面通道上的传播。然而,用同样的方法处理具有大量波动的多管道流动,例如在血管树结构中的流动,会使问题变得棘手(图 6.1.2)。事实上,相比用于确定影响波反射主要影响因素所需的信息,上述方法提供了太多的信息。

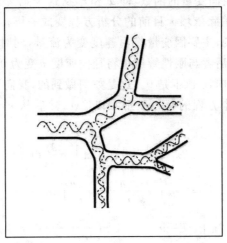

图 6.1.2　在一个具有分支的血管结构中,每一个连接点都作为一个反射点,从而产生一个令人眼花缭乱的向前和向后移动的波阵。只有把构成血管树的管段看作一维的"传输线",才有可能分析沿血管树的压力分布

　　管路中波反射最重要的影响表现为轴向压力和流量的变化,因此不需要管路截面的全部流动细节,而是可以将流动特征在横截面上进行平均处理,进而得到轴向空间变量 x 的函数而不是 x 和 r 的函数。按这个思路并成功的分析方法实际上是基于"线传输理论"的一维方法[9,10]。在本章中,我们将推导方程并使用这种方法进行简化。

6.2　一维波动方程

　　一维分析方法将从建立弹性管道内脉动流动方程开始,即方程 (5.1.4) ~ (5.1.6)

$$\rho \frac{\partial u}{\partial t} + \frac{\partial p}{\partial x} = \mu \left(\frac{\partial^2 u}{\partial r^2} + \frac{1}{r} \frac{\partial u}{\partial r} \right)$$

$$\rho \frac{\partial v}{\partial t} + \frac{\partial p}{\partial x} = \mu \left(\frac{\partial^2 v}{\partial r^2} + \frac{1}{r} \frac{\partial v}{\partial r} - \frac{v}{r^2} \right)$$

$$\frac{\partial u}{\partial x} + \frac{\partial v}{\partial r} + \frac{v}{r} = 0$$

因变量是两个空间变量的函数,即 x 和 r,从这个意义上说,这些方程在空间是二维的。通过消除依赖 r 目前的分析方程变成一维。这将通过在管道的横截面进行积分实现,主要因变量将由速度变为流量,同时不再需要径向的方程。需要注意的是,后者与刚性管道中将径向速度 v 变为 0 不同。在目前的分析中,即使消除了径向,v 也不是 0。这是如何做到的,我们下面展示细节。

第一个和第三个方程的每一项都乘以 $2\pi r$,然后从 $r=0$ 到 $r=a$ 进行积分,即

$$2\pi\rho \int_0^a r \frac{\partial u}{\partial t} \mathrm{d}r + 2\pi \int_0^a r \frac{\partial p}{\partial x} \mathrm{d}r$$

$$= 2\pi\mu \int_0^a r \left(\frac{\partial^2 u}{\partial r^2} + \frac{1}{r} \frac{\partial u}{\partial r} \right) \mathrm{d}r \tag{6.2.1}$$

$$2\pi \int_0^a r \frac{\partial u}{\partial x} \mathrm{d}r + 2\pi \int_0^a r \left(\frac{\partial v}{\partial r} + \frac{v}{r} \right) \mathrm{d}r = 0 \tag{6.2.2}$$

在这些控制方程中加入了"匹配"的边界条件

$$v(a,t) = \frac{\partial a}{\partial t} \tag{6.2.3}$$

该条件意味流体在管壁处的径向速度与管径的变化率相等。这一边界条件是本章分析的核心,因为它确保在消除径向的同时,始终维持径向速度和管壁弹性的耦合效应,从而保持波的传播机制。利用这一边界条件,将方程(6.2.2)中的最后一个积分变为

$$2\pi \int_0^a r \left(\frac{\partial v}{\partial r} + \frac{v}{r} \right) \mathrm{d}r = 2\pi \int_{r=0}^{r=a} \mathrm{d}(vr)$$

$$= 2\pi a v(a)$$

$$= \frac{\mathrm{d}A}{\mathrm{d}t} \tag{6.2.4}$$

其中

$$A(t) = \pi a^2(t) \tag{6.2.5}$$

它是管道横截面积。利用这个条件时需要注意

$$2\pi \int_0^a r \frac{\partial u}{\partial t} \mathrm{d}r = \frac{\partial q}{\partial t} \tag{6.2.6}$$

$$2\pi \int_0^a r \frac{\partial u}{\partial x} \mathrm{d}r = \frac{\partial q}{\partial x} \tag{6.2.7}$$

$$2\pi\frac{\mu}{\rho}\int_0^a r\left(\frac{\partial^2 u}{\partial r^2}+\frac{1}{r}\frac{\partial u}{\partial r}\right)\mathrm{d}r=\frac{-2\pi a}{\rho}\tau_w \tag{6.2.8}$$

$$2\pi\int_0^a r\left(\frac{\partial v}{\partial r}+\frac{v}{r}\right)\mathrm{d}r=2\pi av(a) \tag{6.2.9}$$

其中 q 为流经管道的流量，τ_w 为流体对管壁施加的剪切应力，即

$$q=2\pi\int_0^a ru\,\mathrm{d}r \tag{6.2.10}$$

$$\tau_w=-\mu\left(\frac{\partial u}{\partial r}\right)_{r=a} \tag{6.2.11}$$

经过上述推导，方程(6.2.1)(6.2.2)最终简化为

$$\frac{\partial q}{\partial t}+\frac{A}{\rho}\frac{\partial p}{\partial x}=\frac{-2\pi a}{\rho}\tau_w \tag{6.2.12}$$

$$\frac{\partial q}{\partial x}+\frac{\partial A}{\partial t}=0 \tag{6.2.13}$$

传输线路理论的基本形式主要基于非黏性流动，即 $\tau_w=0$，波速 C_0 由下式给出

$$c_0^2=\frac{A}{\rho}\frac{\partial p}{\partial A} \tag{6.2.14}$$

注意到

$$\frac{\partial A}{\partial t}=\frac{\partial A}{\partial p}\frac{\partial p}{\partial t}=\frac{A}{\rho c_0^2}\frac{\partial p}{\partial t} \tag{6.2.15}$$

在这个简化条件下方程(6.2.12)和(6.2.13)变为

$$\frac{\partial q}{\partial t}+\frac{A}{\rho}\frac{\partial p}{\partial x}=0 \tag{6.2.16}$$

$$\frac{\partial q}{\partial x}+\frac{A}{\rho c_0^2}\frac{\partial p}{\partial t}=0 \tag{6.2.17}$$

在波传播的大量研究中，应用无黏性形式的方程有一个优势，它可以把波的反射效应从黏性效应中分离出来。正如我们在前一章所看到的，黏性对波传播的主要影响是降低行波的速度和振幅。这些影响是可预测的，实际上可以很容易被复原到一维方程[9,11-13]中，但是当关注波的反射时，将它们忽略是很实用的。考虑到这一点，方程(6.2.16)和(6.2.17)的交叉微分最终变为

$$\frac{\partial^2 p}{\partial t^2}=c_0^2\frac{\partial^2 p}{\partial x^2} \tag{6.2.18}$$

$$\frac{\partial^2 q}{\partial t^2}=c_0^2\frac{\partial^2 q}{\partial x^2} \tag{6.2.19}$$

在微分过程中，系数 $\frac{A}{\rho}$ 和 $\frac{A}{\rho c_0^2}$ 被视为常数。压力和流量由同一个一维波动方程描述，并以相同的波速传播。然而，这并不意味着它们处于同相位，我们将在后面进行介绍。

6.3 波动方程的基础解

由于压力和流量的控制方程是同一个波动方程,我们在这里只考虑压力方程。通过分离变量得到的方程(6.2.18)的解,即通过

$$p(x,t) = p_x(x)p_t(t) \tag{6.3.1}$$

需指定施加在管道入口的驱动压力形式,此方程才能进行求解。如前一章所述,我们考虑一个复指数形式,取

$$p_a(t) = p_0 e^{i\omega t} = p_x(0)p_t(t) \tag{6.3.2}$$

这表明

$$p_x(0) = p_0, \quad p_t(t) = e^{i\omega t} \tag{6.3.3}$$

式中,p_0 为施加在管道进口处的振荡压力幅值。$P_t(t)$ 的结果还表明,管道内压力随时间变化的部分必须与管道入口施加的压力具有相同的函数形式。所以压强的表达式变为

$$p(x,t) = p_x(x)e^{i\omega t} \tag{6.3.4}$$

上式中仍需要确定压强与 x 有关的部分。将方程(6.3.4)代入方程(6.2.18),得到 $p_x(x)$ 的常微分方程,即

$$\frac{\mathrm{d}^2 p_x}{\mathrm{d}x^2} + \frac{\omega^2}{c_0^2}p_x = 0 \tag{6.3.5}$$

该方程为标准二阶线性微分方程,通解为[14]

$$p_x(x) = Be^{-\frac{i\omega x}{c_0}} + Ce^{\frac{i\omega x}{c_0}} \tag{6.3.6}$$

其中 B 和 C 为任意常数。从方程(6.3.4)得到压强的完整表达式为

$$p(x,t) = p_x(x)e^{i\omega t} = Be^{i\omega\left(t - \frac{x}{c_0}\right)} + Ce^{i\omega\left(t + \frac{x}{c_0}\right)} \tag{6.3.7}$$

该解的第一部分表示以速度 c_0 沿 x 正方向传播的波。这一解释是通过发现压力为常数而获得的

$$x = c_0 t \tag{6.3.8}$$

上式表示以速度 c_0 在 x 正方向移动的点。

解的第二部分表示在 x 负方向上以 c_0 速度移动的波。不要将此与反射后返回的波混淆,我们将在后续进行详细讨论。在这里,反向波与正向波同时出现,两者向相反的方向对称移动。相比之下,反射波最初是由解的第一部分产生的前向波组成,前向波运动遇到障碍物时,会产生反射波。

管道内的脉动流通常是由管道进口处的脉动压力源驱动的。在这个解析解的背景下,这个压力源将产生两个波,从入口处同时开始向相反方向运动。只有前向波在物理上是相关的,因此我们从方程(6.3.7)中得到

脉动流物理学

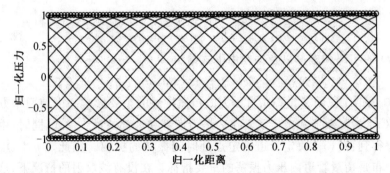

图 6.3.1　图示为没有波反射的情况下,沿弹性管道作正弦压力波的级数。单个曲线代表了振荡周期内不同时刻管道内压力分布的实部,用管道沿程的归一化距离 $\bar{x}$ 表示,其中 $\bar{x}=0$ 为入口,$\bar{x}=1.0$ 为出口。外层的包络线(空心圆)代表了这种分布在管道上任意时间和不同位置点的极限。它表示压力沿管道在该位置的时间振荡的振幅。在这种情况下,理想的压力幅值分布是沿着管道的一个直包络线,它是奇异解,只有在没有反射的情况下才有可能出现

$$p(x,t)=Be^{i\omega\left(t-\frac{x}{c_0}\right)} \tag{6.3.9}$$

管道入口处的边界条件要求如下

$$p(0,t)=Be^{i\omega t}=p_0 e^{i\omega t},B=p_0 \tag{6.3.10}$$

解的最终形式如下

$$p(x,t)=p_0 e^{i\omega\left(t-\frac{x}{c_0}\right)} \tag{6.3.11}$$

用管道入口压力的幅值无量纲化很实用,并引入符号

$$\bar{p}(x,t)=\frac{p(x,t)}{p_0},\bar{p}_x(x)=\frac{p_x(x)}{p_0},\bar{p}_a(t)=\frac{p_a(t)}{p_0} \tag{6.3.12}$$

将解写为无量纲形式

$$\bar{p}(x,t)=e^{i\omega\left(t-\frac{x}{c_0}\right)} \tag{6.3.13}$$
$$=\bar{p}_x(x)e^{i\omega t} \tag{6.3.14}$$

我们应该发现解的第二种形式(方程(6.3.14))更为有用。在这种形式下,可以看出管道内的压力波由两个周期函数组成,一个是空间函数,一个是时间函数。在任意固定时刻,管道内的压力分布用 $\bar{p}_x(x)$ 表示。在管道内任意定点,压力振荡用 $e^{i\omega t}$ 来描述,其与管道口处施加的压力在时间上具有相同的振荡函数。然而,振荡的相位和振幅取决于 $\bar{p}_x(x)$,因此这部分在波传播的物理描述中起着核心作用。

因为解 $\bar{p}(x,t)$ 由管道入口处压强 $\bar{p}_a(t)$ 的复数形式得到,所以 $\bar{p}(x,t)$ 的实部和虚部对应于 $\bar{p}_a$ 的实部和虚部。$\bar{p}(x,t)$ 的实部和虚部以及振幅由下式给出

$$\Re\{\bar{p}(x,t)\}=\Re\{\bar{p}_x(x)e^{i\omega t}\}$$

$$\mathfrak{I}\{\bar{p}(x,t)\} = \mathfrak{I}\{\bar{p}_x(x)\mathrm{e}^{\mathrm{i}\omega t}\}$$

$$\left|\bar{p}(x,t)\right| = \left|\bar{p}_x(x)\mathrm{e}^{\mathrm{i}\omega t}\right| = \left|\bar{p}_x(x)\right| \tag{6.3.15}$$

而 $\bar{p}_a(t)$ 的实部和虚部以及振幅由下式给出

$$\mathfrak{R}\{\bar{p}_a\} = \cos \omega t; \mathfrak{I}\{\bar{p}_a\} = \sin \omega t; \left|\bar{p}_a\right| = 1.0 \tag{6.3.16}$$

方程(6.3.15)说明了 $\bar{p}_x(x)$ 对压力波传播特性的重要影响。由前两个方程可知，$\bar{p}_x(x)$ 的复数形式决定了管道内压力实部和虚部的最终形式;同时，由第三个方程得到: $\bar{p}_x(x)$ 决定管道内定点处时间振荡的振幅。因此，$\left|\bar{p}_x(x)\right|$ 沿管道的分布是衡量管道内压力振荡的重要指标。在没有波反射的情况下，这种分布可由方程(6.3.13)和方程(6.3.14)得到

$$\left|\bar{p}_x(x)\right| = \left|\mathrm{e}^{-\frac{\mathrm{i}\omega x}{c_0}}\right| = 1.0 \tag{6.3.17}$$

这表明沿管道内各位置无量纲压力的时间振荡幅值均为 1.0，如图 6.3.1 所示。

我们将看到，这种均匀分布只存在于没有波反射和没有黏性的情况下，因此当我们开始考虑波反射时，它是一个重要的参考状态。在没有黏性的情况下，任何偏离这种状态的现象都可以直接完全归因于波反射的影响。这个优点为我们将波反射的影响与黏度的影响分开考虑，提供了很好的依据，我们将在接下来的内容中进行阐述。

6.4　管道内主波反射

在长度为 l 的管道进口施加一个如方程(6.3.2)所示的振荡压力 $p_a(t)$，压力振荡将以上节所述波传播的形式向管道的另一端传播。当管道的另一端情况发生变化时，例如遇到一个更小或更大的接管或一个分叉，部分波将被反射回入口。根据入口的条件，部分反向行波可能会被再次反射回管道另一端的出口，原则上，这个过程可以无限地继续下去。

在这一节中，我们只考虑这些反射中的第一波，我们称之为"主"波反射。随后的反射称为"二次"波反射，将在下一节中进行讨论。

为了区分向前和向后的行波，使用了下标 f 和 b。因此，可以根据前一节(方程(6.3.13))的结果来表示初始的正向行波，写为

$$\bar{p}_f(x,t) = \mathrm{e}^{\mathrm{i}\omega\left(t-\frac{x}{c_0}\right)} \tag{6.4.1}$$

后向反射的行波形式相同，但方向为负 x 方向，即

$$\bar{p}_b(x,t) = B\mathrm{e}^{\mathrm{i}\omega\left(t+\frac{x}{c_0}\right)} \tag{6.4.2}$$

其中，B 是常数，由管道反射端条件决定。这些条件通常用所谓的"反射系数" R 来表示，R 表示在反射点位置处($x=l$)向后与向前移动压力波的比例，即

$$R = \frac{\bar{p}_b(l,t)}{\bar{p}_f(l,t)} \qquad (6.4.3)$$

因此，R 是衡量反射"程度"或"严重程度"的量。$R=1$ 代表"全反射"，即后向波等于全部前向波，而 R 取小值则代表小部分反射，即后向波只是前向波的一小部分。利用方程 (6.4.2)，对反射点处的后向波求值，为

$$\bar{p}_b(l,t) = B e^{i\omega\left(t+\frac{l}{c_0}\right)} \qquad (6.4.4)$$

同时，从方程 (6.4.3) 和方程 (6.4.1) 我们可以得到

$$\bar{p}_b(l,t) = R\,\bar{p}_f(l,t)$$
$$= R e^{i\omega\left(t-\frac{l}{c_0}\right)} \qquad (6.4.5)$$

通过这两个结果可以得到

$$B = R e^{-\frac{2i\omega l}{c_0}} \qquad (6.4.6)$$

把这个 B 的值代入方程 (6.4.2)，就得到了反向波的最终形式

$$\bar{p}_b(x,t) = R e^{i\omega\left(t+\frac{x}{c_0}-\frac{2l}{c_0}\right)} \qquad (6.4.7)$$

沿管道任意时刻、任意位置的主导压力为正向和反向压力行波之和（图 6.1.1），即

$$\bar{p}(x,t) = \bar{p}_f(x,t) + \bar{p}_b(x,t) \qquad (6.4.8)$$
$$= e^{i\omega\left(t-\frac{x}{c_0}\right)} + R e^{i\omega\left(t+\frac{x}{c_0}-\frac{2l}{c_0}\right)} \qquad (6.4.9)$$

在没有反射的情况下，可以简化为如下形式

$$\bar{p}(x,t) = \bar{p}_x(x)\, e^{i\omega t} \qquad (6.4.10)$$

其中 $\bar{p}_x(x)$ 的解释与之前相同，但现在由下式给出

$$\bar{p}_x(x) = e^{-\frac{i\omega t}{c_0}} + R e^{\frac{i\omega(x-2l)}{c_0}} \qquad (6.4.11)$$

从这个结果可以清楚地看出，在没有波反射的情况下，$|\bar{p}_x(x)|$ 沿管道方向不再为常数。事实上，只有当 $R=0$ 或 l 无穷大时，它才能变成常数。第一种情况对应于管道末端没有波反射的状态，第二种情况对应于管道末端无限远，在这两种情况下，任何来自该末端的反射波都不可能在有限时间内返回。

波的反射对管道内压力分布的影响程度也取决于频率 ω，这一点从方程 (6.4.11) 中可以看出。因为频率和波长 L 有关

$$L = \frac{2\pi c_0}{\omega} \qquad (6.4.12)$$

方程 (6.4.11) 中的结果可以用波长和管长来表示

$$\bar{p}_x(x) = e^{-\frac{2\pi i x}{L}} + R e^{\frac{2\pi i(x-2l)}{L}} \qquad (6.4.13)$$

此外，可以通过引入无量纲条件予以简化

$$\bar{x} = \frac{x}{l}, \quad \bar{L} = \frac{L}{l} \qquad (6.4.14)$$

结果可以写成无量纲形式

$$\bar{p}_x(\bar{x}) = e^{-\frac{2\pi i \bar{x}}{\bar{L}}} + R(e^{\frac{2\pi i \bar{x}}{\bar{L}}})(e^{-\frac{4\pi i}{\bar{L}}}) \qquad (6.4.15)$$

写成这种形式的优点是当波长与管长之比变化时,沿管道全部位置的范围总是可以用 $\bar{x}=0$ 到 $\bar{x}=1.0$ 来描述。需要考虑的一个重要情况是,当波长与管长相等时,有 $\bar{L}=1$,$e^{-\frac{4\pi i}{\bar{L}}}=1$,表达式简化为

$$\bar{p}_x(\bar{x}) = e^{-2\pi i \bar{x}} + R e^{2\pi i \bar{x}} \qquad (6.4.16)$$

$$= (R+1)\cos 2\pi \bar{x} + i(R-1)\sin 2\pi \bar{x} \qquad (6.4.17)$$

$|\bar{p}_x(\bar{x})|$ 沿管道不同位置的分布如图 6.4.1 所示,可以与图 6.3.1 中所示无波反射时的常数分布相比较。通过解析,从方程(6.4.16),我们可以将其结果与方程(6.3.17)中无波反射情况下的结果进行比较。

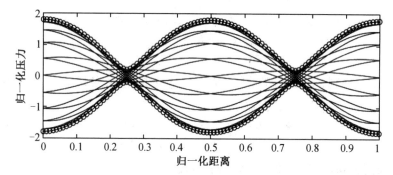

图 6.4.1   图示为当波反射系数为 80%($R=0.8$)时,沿弹性管道的正弦压力波的分布情况,同时,与无波反射情况下(图 6.3.1)的结果进行对比。单个曲线代表了振荡周期内不同时刻管道内总压力(正向叠加反向)分布的实部,位置用沿管道的归一化距离 $\bar{x}$ 表示,其中 $\bar{x}=0$ 为入口,$\bar{x}=1.0$ 为出口。外层的包络线(小圆)代表了这种分布在管道上任何时间和不同位置处的极限。它表示压力沿管道各位置的时间振荡的振幅。波长与管长之比($\bar{L}$)对包络线的形状有很大的影响,图中 $\bar{L}=1.0$

$$|\bar{p}_x(\bar{x})| = \sqrt{R^2+1+2R\cos 4\pi \bar{x}} \qquad (6.4.18)$$

特别是,$|\bar{p}_x(\bar{x})|$ 的值在 $x=0, 1/2$ 和 1 处最大,在 $\bar{x}=1/4$ 和 $3/4$ 处最小。在最大值处,正向波和反向波相加,而在最小值处,它们相减。

因为 $|\bar{p}_x(x)|$ 表示在管道不同归一化位置 $\bar{x}$ 处时间振荡的振幅,只要 $R \neq 0$,这些振荡在不同位置拥有不同的振幅。在图 6.4.1 所示 $\bar{L}=1$ 的特殊情况下,$|\bar{p}_x(\bar{x})|$ 的分布是比较容易描述的;其他 $\bar{L}$ 的值将使该分布变得更加复杂;对于特定的反射系数 R,正反两向波将以更复杂的方式耦合,这也会使该分布变得更加复杂。$\bar{L}=2,3,4,5$ 的结果如图 6.4.2 ~ 6.4.5 所示。

脉动流物理学

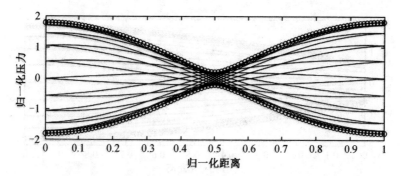

图 6.4.2　图示为当波反射系数为 $80\%(R = 0.8)$ 时,沿弹性管道的正弦
压力波的分布情况,与图 6.4.1 所示相同,但此处波长与管长之比 $\bar{L} = 2.0$

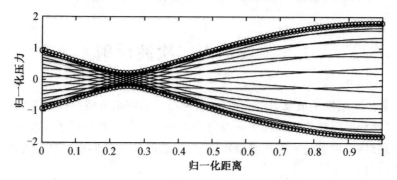

图 6.4.3　图示为当波反射系数为 $80\%(R = 0.8)$ 时,沿弹性管道的正弦
压力波的分布情况,与图 6.4.1 所示相同,但此处波长与管长之比 $\bar{L} = 3.0$

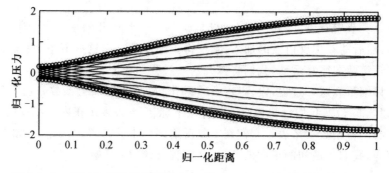

图 6.4.4　图示为当波反射系数为 $80\%(R = 0.8)$ 时,沿弹性管道的正弦
压力波的分布情况,与图 6.4.1 所示相同,但此处波长与管长之比 $\bar{L} = 4.0$

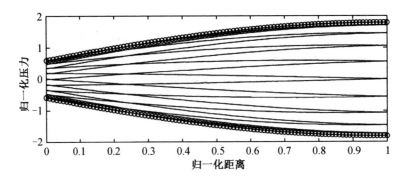

图 6.4.5　图示为当波反射系数为 $80\%(R=0.8)$ 时,沿弹性管道的正弦

压力波的分布情况,与图 6.4.1 所示相同,但此处波长与管长之比 $\bar{L}=5.0$

6.5　管道内二次波反射

当管道两端发生波反射时,上一节所考虑的后向主波将在管道进口处被反射,并且部分后向波将转而向 x 正方向管道的另一个反射端传播。这一过程将无限期地继续,但该过程存在衰减效应,因为波的反射部分每次只是入射波[15]的一小部分。

如前所述,波在管道内的传播可以用两个振荡函数来表示,一个在空间上,一个在时间上,如方程(6.4.10)所示

$$\bar{p}(x,t)=\bar{p}_x(x)\mathrm{e}^{\mathrm{i}\omega t}$$

我们在上一节中看到,当没有波反射时, $\bar{p}_x(x)$ 的形式开始是一个简单的复指数函数,然后随着主反射波的加入,它变得更加复杂。在这一节中,假设反射波可以在管道两端往复运动,我们将探究这一过程的极限。

为详细研究这一过程,设入口 $x=0$ 和出口 $x=1$ 的反射系数分别用 R_0,R_l 表示(图 6.5.1)。我们也将像以前一样用下标 f,b 来表示正向波和反向波,但是现在我们将用数字来表示它们在重复反射序列中的位置。因此,正如在前一节中那样,我们从最初的正向波开始,从方程(6.4.1)开始

$$\bar{p}_{f1}(x,t)=\mathrm{e}^{\frac{\mathrm{i}\omega\,(t-x)}{c_0}} \tag{6.5.1}$$

现在添加的下标 1 表明这是在任何反射发生之前的第一个正向波。与前述相同,我们把它写成两个振荡函数的乘积

$$\bar{p}_{f1}(x,t)=\bar{p}_{xf1}(x)\mathrm{e}^{\mathrm{i}\omega t} \tag{6.5.2}$$

由于时间振荡项不随反射而改变,我们将只关注与空间有关的项,这是来自方程(6.5.1)的初始正向波项

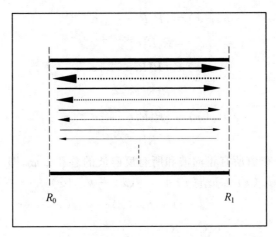

图 6.5.1　波在管道两端进行反射。压力波或流动波可以无限地来回传播,每一次的量都有所减少

$$\bar{p}_{xf1}(x) = \mathrm{e}^{-\frac{\mathrm{i}\omega t}{c_0}} \tag{6.5.3}$$

注意到

$$\bar{p}_{xf1}(0) = 1, \bar{p}_{xf1}(l) = \mathrm{e}^{-\frac{\mathrm{i}\omega l}{c_0}} \tag{6.5.4}$$

x 振荡函数可以认为是由输入压力振幅 $p_{xf1}(0)$ 在管道入口产生的,然后由复指数函数进行"处理",该复指数函数表示了输入压力变为沿管道向波形的平移。当波来回反射时,利用这个方法将方程(6.5.3)写成如下形式

$$\bar{p}_{xf1}(x) = [\bar{p}_{xf1}(0)]\mathrm{e}^{-\frac{\mathrm{i}\omega x}{c_0}} \tag{6.5.5}$$

当该波到达管道另一端($x = l$)时,此位置的压力辐值乘以该处的反射系数,就成了反射波的"输入压力振幅"。这个波沿着 x 负方向前进,它离开反射点的距离是 $l - x$,替换前向波位置 x,可以得到

$$\bar{p}_{xb1}(x) = [R_l \mathrm{e}^{-\frac{\mathrm{i}\omega l}{c_0}}] \mathrm{e}^{-\frac{\mathrm{i}\omega(l-x)}{c_0}} \tag{6.5.6}$$

$$= R_l \mathrm{e}^{-\frac{\mathrm{i}\omega(2l-x)}{c_0}} \tag{6.5.7}$$

需要注意的是,$\bar{p}_{xf1}(x) + \bar{p}_{xb1}(x)$ 的和与前一节(方程(6.4.11))中只经过一次主反射压力波的结果相同。在本节中,我们将在主波反射阶段之后继续分析这个过程。

当后向波到达入口并在该处反射时,该处的 $\bar{p}_{xb1}(x)$ 值($x = 0$)乘以该处的反射系数,即为下一个前向波的输入压力幅值

$$\bar{p}_{xf2}(x) = [R_0 R_l \mathrm{e}^{-\frac{\mathrm{i}\omega 2l}{c_0}}] \mathrm{e}^{-\frac{\mathrm{i}\omega x}{c_0}} \tag{6.5.8}$$

$$= R_0 R_l \mathrm{e}^{-\frac{\mathrm{i}\omega(2l+x)}{c_0}} \tag{6.5.9}$$

现在已经建立了后续反射的模式。当波在管道两端往复移动时,得到

$$\bar{p}_{xb2}(x) = \left[R_0 R_l^2 e^{-\frac{i\omega 3l}{c_0}}\right] e^{-\frac{i\omega(l-x)}{c_0}} \tag{6.5.10}$$

$$= R_0 R_l^2 e^{-\frac{i\omega(4l-x)}{c_0}} \tag{6.5.11}$$

$$\bar{p}_{xf3}(x) = \left[R_0^2 R_l^2 e^{-\frac{i\omega 4l}{c_0}}\right] e^{-\frac{i\omega x}{c_0}} \tag{6.5.12}$$

$$= R_0^2 R_l^2 e^{-\frac{i\omega(4l+x)}{c_0}} \tag{6.5.13}$$

$$\bar{p}_{xb3}(x) = \left[R_0^2 R_l^3 e^{-\frac{i\omega 5l}{c_0}}\right] e^{-i\omega\left(l-\frac{x}{c_0}\right)} \tag{6.5.14}$$

$$= R_0^2 R_l^3 e^{-\frac{i\omega(6l-x)}{c_0}} \tag{6.5.15}$$

管道内净压力分布由所有正向波和所有反向波的总和组成,即

$$\bar{p}_x(x) = \bar{p}_{xf1}(x) + \bar{p}_{xf2}(x) + \bar{p}_{xf3}(x) + \cdots +$$
$$\bar{p}_{xb1}(x) + \bar{p}_{xb2}(x) + \bar{p}_{xb3}(x) + \cdots \tag{6.5.16}$$

$$= e^{-\frac{i\omega x}{c_0}} + R_0 R_l e^{-\frac{i\omega(2l+x)}{c_0}} +$$
$$R_0^2 R_l^2 e^{-\frac{i\omega(4l+x)}{c_0}} + \cdots +$$
$$R_l e^{-\frac{i\omega(2l-x)}{c_0}} + R_0 R_l^2 e^{-\frac{i\omega(4l-x)}{c_0}} +$$
$$R_0^2 R_l^3 e^{-\frac{i\omega(6l-x)}{c_0}} + \cdots \tag{6.5.17}$$

$$= e^{-\frac{i\omega x}{c_0}} \left\{ 1 + \left(R_0 R_l e^{-\frac{i\omega 2l}{c_0}}\right) + \right.$$
$$\left(R_0 R_l e^{-\frac{i\omega 2l}{c_0}}\right)^2 + \left(R_0 R_l e^{-\frac{i\omega 2l}{c_0}}\right)^3 + \cdots \right\} +$$
$$R_l e^{-\frac{i\omega(2l-x)}{c_0}} \left\{ 1 + \left(R_0 R_l e^{-\frac{i\omega 2l}{c_0}}\right) + \right.$$
$$\left. \left(R_0 R_l e^{-\frac{i\omega 2l}{c_0}}\right)^2 + \left(R_0 R_l e^{-\frac{i\omega 2l}{c_0}}\right)^3 + \cdots \right\} \tag{6.5.18}$$

在方程(6.5.18)中,括号内的级数是一个 ε 中的无穷几何级数,ε 为

$$\varepsilon = R_0 R_l e^{-\frac{i\omega 2l}{c_0}} < 1 \tag{6.5.19}$$

并且有[16]

$$1 + \varepsilon + \varepsilon^2 + \varepsilon^3 + \cdots = \frac{1}{1-\varepsilon} \tag{6.5.20}$$

压力方程(6.5.18)的最终表达式为

$$\bar{p}_x(x) = \frac{e^{-\frac{i\omega x}{c_0}} + R_l e^{-\frac{i\omega(2l-x)}{c_0}}}{1 - R_0 R_l e^{-\frac{i\omega 2l}{c_0}}} \tag{6.5.21}$$

将这一结果与前一节(方程(6.4.11))的结果进行比较,可以看到,当 $R_0 = 0$(前一节所做假设)时,即没有来自管道入口的反射时,两者结果相同。许多关于波反射的研究发现,尽管存在一些差异,但仅考虑一次反射可以满足分析要求[4,5,17,18]。这样做的依据是方程(6.5.21)中的分母这一项包含两个反射系数的乘积,这两个反射系数的值通常小于 1.0。此外,虽然描述单管内二次反射问题的方程比较简单,但是在由大量血管和大量反射点组成的复杂血管树结构中,该方程将变得难以处理;在这种情况下,只有主波反射分析是易于实现的,这也通常被视为是研究波反射对流动影响方式的一种合理处理方法。

脉动流物理学

6.6　压力和流动的关系

确定管道内压力分布的最终目的是利用压力和流量之间的特定关系来获得管道内流量。在定常流动中,压力与流量的关系主要由黏滞阻力决定并主导。方程(3.4.3)说明了该工况下流量 q_s 与恒压梯度 k_s 之间的简单关系。在刚性管道内脉动流中,压力与流量的关系仍受到黏性阻力的影响,但由于反复的加减速作用,还会受到流体惯性的影响。因此,脉动频率成为压力与流量关系中的一个附加因素,详见方程(4.7.5)描述的刚性管道脉动流的振荡流量 $q_\phi(t)$。

此外,在弹性管道脉动流动中,管道弹性将成为压力与流动关系中的又一个附加因素。流量方程(5.9.9)中 $q(x,t)$ 在这种情况下不仅涉及流体黏度和振荡频率,也包括管壁的弹性,体现在弹性系数 G 和波速 c 当中。此外,从方程(5.9.9)中 x 的形式可以明显看出,弹性管道内脉动压力和脉动流动将以行进波的形式传播,波的反射也就成为可能。上一节的结果清楚地证明,由于前向波与后向波的叠加,波的反射将对管道内压力分布产生较大的影响。

这个压力和流量关系中的新因素很重要,不仅因为它能使压力分布发生重大变化,而且因为这些变化不像黏度或频率那样容易预测。因此,在接下来的讨论中,我们将特别关注这个因素并单独处理它,以避免受到黏度和频率的影响,它们的影响已经研究过了。这种方法的优点是使波反射效应更加“可见”。如前一节所见,通过适当的度量,压力分布的变化可以表示为与参考状态的偏差。在参考状态中,沿管道的所有归一化的压力幅值都保持恒定值 1.0。这种参考状态只有在没有波反射的情况下才能获得,因此任何偏离它的情况都可以立即确定是由波反射引起的。

流动波的求解与压力波求解流程大致相同。从方程(6.3.11)的解开始,并将其作为任何反射之前的初始正向压力波

$$p_f(x,t) = p_0 \mathrm{e}^{\mathrm{i}\omega\left(t-\frac{x}{c_0}\right)} \qquad (6.6.1)$$

由于压力和流量具有相同的波动控制方程(方程(6.2.18),(6.2.19)),所以我们假设相应于正向流动波的解以这种形式存在

$$q_f(x,t) = B\mathrm{e}^{\mathrm{i}\omega\left(t-\frac{x}{c_0}\right)} \qquad (6.6.2)$$

其中 B 为常数。

压力和流量之间的关系由方程(6.2.16)和(6.2.17)决定。将这些应用于上述压力和流动波,我们得到

$$\frac{\partial q_f}{\partial t} + \frac{A}{\rho}\frac{\partial p_f}{\partial x} = 0 \qquad (6.6.3)$$

$$\frac{\partial q_f}{\partial x} + \frac{A}{\rho c_0^2} \frac{\partial p_f}{\partial t} = 0 \tag{6.6.4}$$

将 p_f 和 q_f 代入，两个方程可以得到相同的结果，即

$$B = \left(\frac{A}{\rho c_0}\right) p_0 \tag{6.6.5}$$

$$q_f(x,t) = \left(\frac{A}{\rho c_0}\right) p_0 e^{i\omega\left(t - \frac{x}{c_0}\right)} \tag{6.6.6}$$

$$= \left(\frac{A}{\rho c_0}\right) p_f(x,t) \tag{6.6.7}$$

类似地，从方程(6.4.7)的结果得到的反射波

$$p_b(x,t) = R p_0 e^{i\omega\left(t + \frac{x}{c_0} - \frac{2l}{c_0}\right)} \tag{6.6.8}$$

我们假设一个相关的流动波

$$q_b(x,t) = C e^{i\omega\left(t + \frac{x}{c_0} - \frac{2l}{c_0}\right)} \tag{6.6.9}$$

其中 C 是常数。将控制方程应用于这些波，可以得到

$$\frac{\partial q_b}{\partial t} + \frac{A}{\rho} \frac{\partial p_b}{\partial x} = 0 \tag{6.6.10}$$

$$\frac{\partial q_b}{\partial x} + \frac{A}{\rho c_0^2} \frac{\partial p_b}{\partial t} = 0 \tag{6.6.11}$$

将 p_b 和 q_b 代入，两个方程得到相同的结果，即

$$C = \left(\frac{-A}{\rho c_0}\right) R p_0 \tag{6.6.12}$$

$$q_b(x,t) = \left(\frac{-A}{\rho c_0}\right) R p_0 e^{i\omega\left(t + \frac{x}{c_0} - \frac{2l}{c_0}\right)} \tag{6.6.13}$$

$$= \left(\frac{-A}{\rho c_0}\right) p_b(x,t) \tag{6.6.14}$$

这个变量应被称为管道的"特征导纳"，是压力与流量关系中的一个关键参数。

$$Y_0 = \frac{A}{\rho c_0} \tag{6.6.15}$$

它的倒数称为"特征阻抗"[10,17,18]。

$$Z_0 = \frac{\rho c_0}{A} \tag{6.6.16}$$

由方程((6.6.7),(6.6.14) $\sim$ (6.6.16))，我们可以得到

$$Y_0 = \frac{q_f(x,t)}{p_f(x,t)} = \frac{-q_b(x,t)}{p_b(x,t)} \tag{6.6.17}$$

$$Z_0 = \frac{p_f(x,t)}{q_f(x,t)} = \frac{p_b(x,t)}{-q_b(x,t)} \tag{6.6.18}$$

由此我们得出的解释是，Y_0 实际上是管道"允许"流动程度的度量，而 Z_0 是管道"阻碍"流动程度的度量。

134

与反向流波有关的负号表明，q_b 和 q_f 由于方向相反而具有相反的符号。在 p_b 和 p_f 的情况下不会出现这个问题，因为压强是一个标量。由此产生的一个重要结果是，当反射波被包含在压力波和流动波的完整表达式中时，使用方程(6.6.1)，方程(6.6.6)，方程(6.6.8) 和方程(6.6.13)，我们可以得到

$$p(x,t) = p_f(x,t) + p_b(x,t)$$
$$= p_0 e^{i\omega\left(t-\frac{x}{c_0}\right)} + R p_0 e^{i\omega\left(t+\frac{x}{c_0}-\frac{2l}{c_0}\right)} \quad (6.6.19)$$

$$q(x,t) = q_f(x,t) + q_b(x,t)$$
$$= Y_0 \left(p_0 e^{i\omega\left(t-\frac{x}{c_0}\right)} - R p_0 e^{i\omega\left(t+\frac{x}{c_0}-\frac{2l}{c_0}\right)}\right)$$
$$= q_0 e^{i\omega\left(t-\frac{x}{c_0}\right)} - R q_0 e^{i\omega\left(t+\frac{x}{c_0}-\frac{2l}{c_0}\right)} \quad (6.6.20)$$

其中

$$q_0 = Y_0 p_0 \quad (6.6.21)$$

从这些结果中，我们注意到正向和反向的压力波是相加的，而相应的流动波是相减的。由反射系数(方程 6.4.3) 的定义可知

$$R = \frac{p_b(l,t)}{p_f(l,t)} \quad (6.6.22)$$

使用方程(6.6.17)，以流动波的形式写为

$$R = \frac{-q_b(l,t)}{q_f(l,t)} \quad (6.6.23)$$

因此当 $R=1.0$ 时，表现为流动波湮灭，$q_b(l,t) = -q_f(l,t)$，而压力波被复制加倍，$p_b(l,t) = p_f(l,t)$。这种情况发生在一端完全封闭的管道中，其结果与物理领域所发生的现象符合，如图 6.6.1 所示。

当 $R=-1.0$ 时，流动波被复制，$q_b(l,t) = q_f(l,t)$，同时压力波湮灭，$p_b(l,t) = -p_f(l,t)$。这种情况发生在管道一端完全开放时，结果也符合物理实际(图 6.6.2)。

最后，$R=0$ 表示流动和压力波都不变的情况，即 $q_b(l,t) = 0$ 以及 $p_b(l,t) = 0$。当管道一端与另一根具有相同性能的管道完全匹配时，就会出现这种情况。在这种情况下，不会出现反射，这与物理实际是一致的(图 6.6.3)。

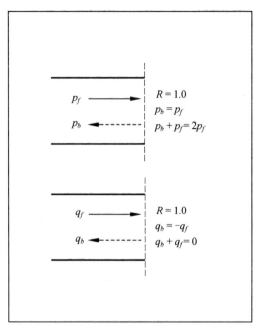

图 6.6.1 在管道完全封闭的一端,反射系数 $R = 1.0$,压力波被复制加倍,流动波被"湮灭"

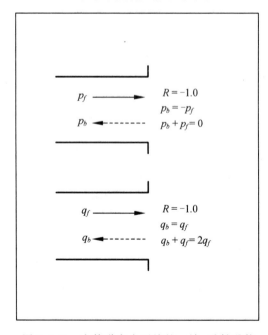

图 6.6.2 在管道完全开放的一端,反射系数 $R = -1.0$,压力波被"湮灭",流动波被复制

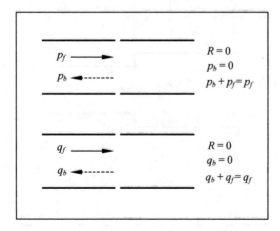

图 6.6.3　在管道完全匹配的一端,反射系数
$R = 0$,没有反射,压力波和流动波不变

6.7　有 效 导 纳

前一节的结果表明,存在有波反射的情况下,管道内的压力波和流动波不再具有相同的形式(方程(6.6.19) 和方程(6.6.20))。其中最重要的结果之一是流量与压力比率的变化,同时也就改变了管道导纳。不再用特征导纳 Y_0 来衡量管道接纳流动的程度,取而代之采用一个新参数 ——"有效导纳" Y_e。

首先确定单管中从 $x = 0$ 延伸到 $x = l$ 的有效导纳,管路中 $x = l$ 处的反射系数为 R。按照惯例,管道的有效导纳被定义为管道入口处($x = 0$)的流量与压力的比率,所以使用方程(6.6.19) 和方程(6.6.20) 可以得到

$$Y_e = \frac{q(l,t)}{p(l,t)} = Y_0\left(\frac{1 - Re^{-\frac{2i\omega l}{c_0}}}{1 + Re^{-\frac{2i\omega l}{c_0}}}\right) \qquad (6.7.1)$$

由此可见,只要存在波的反射($R \neq 0$),有效导纳 Y_e 与特征导纳 Y_0 就是不同的。

在 $x = l$ 处的反射系数 R,通常是由于在 $x = l$ 处从导纳为 Y_0 的一个管道过渡到导纳为 Y_l 的另一个管道而决定的,如图 6.7.1。第一个管道的导纳 Y_0 为特征导纳,第二个管道的 Y_l 为该管道无波反射时的特征导纳,或有波反射时的有效导纳。通过在两管道接管处应用两个条件,两管道接点处的反射系数可以用两个导纳的差来表示。

第一个条件要求第一个管道中 $x = l$ 处正向和反向压力波的总和等于第二个管道中 $x = 0$ 处正向压力波的值,即

$$p_{0f}(l,t) + p_{0b}(l,t) = p_{tf}(0,t) \qquad (6.7.2)$$

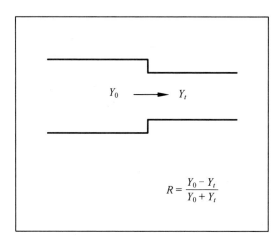

$$R = \frac{Y_0 - Y_t}{Y_0 + Y_t}$$

图 6.7.1 当导纳从一个管道中的 Y_0 到另一管道中的 Y_t 发生变化时,就会发生压力波或流动波的反射。反射系数 R 在 $Y_t = 0$ 时为 1.0,在 Y_t 无穷大时为 -1.0,在 $Y_t = Y_0$ 时为 0。这三种情况与图 6.6.1 ～ 6.6.3 所示相同

第二个条件要求第一个管道中 $x = l$ 处的正向流量和反向流量的矢量和等于第二个管道中 $x = 0$ 处的正向流量,即

$$q_{0f}(l,t) + q_{0b}(l,t) = q_{tf}(0,t) \tag{6.7.3}$$

然而,注意到 q_{0f} 和 q_{0b} 符号不同,因此左边的和实际上表示两个流量波之间的差值。

将方程(6.6.17)中的流量代入到方程(6.7.3)中,则有

$$Y_0 p_{0f}(l,t) - Y_0 p_{0b}(l,t) = Y_t p_{tf}(0,t) \tag{6.7.4}$$

结合方程(6.7.2)上式变为

$$Y_0 p_{0f}(l,t) - Y_0 p_{0b}(l,t) = Y_t [p_{0f}(l,t) + p_{0b}(l,t)] \tag{6.7.5}$$

根据反射系数的定义(方程(6.6.22)),则有

$$\frac{p_{0b}(l,t)}{p_{0f}(l,t)} = R \tag{6.7.6}$$

代入方程(6.7.5)得到

$$R = \frac{Y_0 - Y_t}{Y_0 + Y_t} \tag{6.7.7}$$

当 $Y_0 = Y_t$ 时,即两管道接管处导纳无变化时,反射系数为 0。当 $Y_t = 0$ 时,即第二段管道导纳为 0,端口全堵塞,波动完全反射,反射系数为 1。当 Y_t 为无穷大时,即第二段管道完全打开,对流动无阻抗(或导纳无限大),反射系数为 -1。这三种情况与图 6.6.1 ～ 6.6.3 所示的结果相对应。

根据方程(6.7.7)的结果,可以根据有效导纳与特征导纳之间的关系消去

脉动流物理学

反射系数 R，将方程(6.7.1)写成如下形式

$$Y_e = Y_0 \left\{ \frac{e^{i\theta} - R e^{-i\theta}}{e^{i\theta} + e^{-i\theta}} \right\} \tag{6.7.8}$$

$$= Y_0 \left\{ \frac{(1-R)\cos\theta + i(1+R)\sin\theta}{(1+R)\cos\theta + i(1-R)\sin\theta} \right\} \tag{6.7.9}$$

其中

$$\theta = \frac{\omega l}{c_0} \tag{6.7.10}$$

然后注意，方程(6.7.7)变为

$$1 + R = \frac{2Y_0}{Y_0 + Y_t}, \quad 1 - R = \frac{2Y_t}{Y_0 + Y_t} \tag{6.7.11}$$

最终得到

$$Y_e = Y_0 \left\{ \frac{Y_t + iY_0 \tan\theta}{Y_0 + iY_t \tan\theta} \right\} \tag{6.7.12}$$

　　反射点导纳的变化可能是由"分叉"引起的，即从第一段管道分出两个支管，如图 6.7.2 所示。这种情况很有代表性，因为动脉分叉是动脉树的主要结构单元。如果母管的特征导纳为 Y_0，两个支管的有效导纳为 Y_1，Y_2，在这种情况下，根据前面结果很容易得到

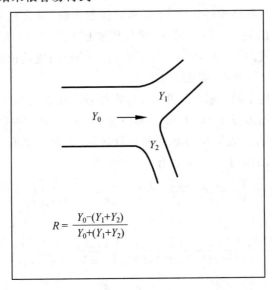

图 6.7.2　在动脉分叉处，压力波或流动波发生导纳变化，从母管中的 Y_0 到分支管中的 $Y_1 + Y_2$，连接处的反射取决于 $Y_1 + Y_2$ 与 Y_0 的差异

$$Y_t = Y_1 + Y_2 \tag{6.7.13}$$

则方程(6.7.7)的反射系数为

$$R = \frac{Y_0 - (Y_1 + Y_2)}{Y_0 + (Y_1 + Y_2)} \qquad (6.7.14)$$

方程(6.7.12)的有效导纳变为

$$Y_e = Y_0 \left\{ \frac{(Y_1 + Y_2) + iY_0 \tan\theta}{Y_0 + i(Y_1 + Y_2)\tan\theta} \right\} \qquad (6.7.15)$$

这些单一分叉(方程(6.7.14)、方程(6.7.15))结果为研究以动脉分叉为基本结构单元的血管树结构奠定了基础。

6.8　血管树结构中的压力分布

典型的血管树由重复的分叉组成,其中一段血管分成两个分支,然后每个分析又分成两个,依此类推。在上一节末尾获得的单个分叉的结果(方程(6.7.14),(6.7.15)),为扩展到分析大量分支的树状结构提供了必要的基础。但是,必须首先解决关于扩展分析的一些细节问题。

第一个问题是,以保留每个管段在树状结构上层次位置的方式,图表化构成树状结构的大量管段。一个简单有效的处理方式是使用一对坐标(j,k)来确定每个管段在树状结构的位置,j表示管段所在的"层次"或"代",k代表管段在这一层次中的顺序位置。因此,整棵树的根部用$[0,0]$表示,然后从根部分出两个分支位置用$[1,1]$和$[1,2]$表示,它们自己分支的位置为$[2,1]$,$[2,2]$,$[2,3]$,$[2,4]$,等等,详见图6.8.1。

对于树状结构中的一般分叉单元,若将母管段位置记为$[j,k]$,则其两个分支管段位置分别为$[j+1,2k-1]$和$[j+1,2k]$。在方程(6.7.14)和方程(6.7.15)利用该符号表示反射系数和有效导纳,这两个结果变得与树状结构中的分叉有关,采取如下计算形式有

$$R[j,k] = \frac{Y_0[j,k] - (Y_e[j+1,2k-1] + Y_e[j+1,2k])}{Y_0[j,k] + (Y_e[j+1,2k-1] + Y_e[j+1,2k])} \qquad (6.8.1)$$

$$Y_e[j,k] = Y_0[j,k] \times$$

$$\left\{ \frac{(Y_e[j+1,2k-1] + Y_e[j+1,2k]) + iY_0[j,k]\tan\theta[j,k]}{Y_0[j,k] + i(Y_e[j+1,2k-1] + Y_e[j+1,2k])\tan\theta[j,k]} \right\}$$

$$(6.8.2)$$

因此,该分叉中母管段的有效导纳Y_e取决于该段的特征导纳(Y_0)、两个分支段($Y_e[j+1,2k-1]$和$Y_e[j+1,2k]$)的有效导纳以及如下参数

$$\theta[j,k] = \frac{l[j,k]\omega}{c_0[j,k]} \qquad (6.8.3)$$

最终目的是确定树状结构中每个管段的压力分布$P_x(x)$。为此,我们将重复使

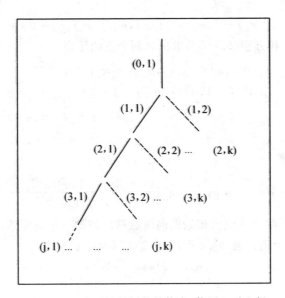

图 6.8.1 在开放的树状结构中,使用一对坐标 (j, k) 来识别结构内管段所处的位置, j 表示管段所处树状结构的层次, k 表示某个树状结构层次内的连续位置。根部管段在这里由 $(0,1)$ 表示。而在后面的讨论中,将用 $[0,0]$ 表示,参见资料[21]

用 x 来衡量沿每个管段的距离。为了避免混淆,我们使用 $x[j, k]$ 符号来标识位于 $[j, k]$ 管段的 x,并给出 $x=0$ 到 $x=l[j, k]$ 的范围,其中 $l[j, k]$ 是该管段的长度。因此,该管段的压力 $P_x(x)$ 记为 $P_x(x[j, k])$。同样,因为该管段分支,其分支段的压力记为 $P_x(x[j+1, 2k-1])$ 和 $P_x(x[j+1, 2k])$。

采用方程(6.4.11)和现有符号,给出了 $[j, k]$ 处管段内的压力分布

$$p_x(x[j, k]) = p_0[j, k] \times$$
$$\{ e^{-\frac{i\omega x[j,k]}{c_0[j,k]}} + R[j, k] e^{\frac{i\omega (x[j,k]-2l[j,k])}{c_0[j,k]}} \} \tag{6.8.4}$$

同样,在 $[j-1, n]$ 处管段内的压力分布为

$$p_x(x[j-1, n]) = p_0[j-1, n] e^{-i\omega x[j-1,n]/c_0[j-1,n]} +$$
$$R[j-1, n] p_0[j-1, n] e^{i\omega (x[j-1,n]-2l[j-1,n])/c_0[j-1,n]} \tag{6.8.5}$$

如果 $[j, k]$ 处的管段是 $[j-1, n]$ 处管段的两个分支段之一,则

$$n = \frac{k}{2}, k \text{ 为偶数}$$

$$= \frac{k+1}{2}, k \text{ 为奇数} \tag{6.8.6}$$

此外,两个管道接管处的压力必须相等,即

$$x[j-1,n]=l[j-1,n], \quad x[j,k]=0 \tag{6.8.7}$$

由方程(6.8.4)和方程(6.8.5),求出这两个点的压强

$$p_x(0[j,k])=p_0[j,k]\{1+R[j,k]e^{-\frac{2i\omega l[j,k]}{c_0[j,k]}}\} \tag{6.8.8}$$

$$p_x(l[j-1,n])=p_0[j-1,n]\times$$
$$\{1+R[j-1,n]e^{-\frac{i\omega l[j-1,n]}{c_0[j-1,n]}}\} \tag{6.8.9}$$

令两个方程相等

$$p_0[j,k]=p_0[j-1,n]\left\{\frac{(1+R[j-1,n])e^{-\frac{i\omega l[j-1,n]}{c_0[j-1,n]}}}{1+R[j,k]e^{-\frac{2i\omega l[j,k]}{c_0[j,k]}}}\right\} \tag{6.8.10}$$

这个结果提供了两个管段内初始前向波振幅之间的一个重要迭代关系。

同样地,对于流动波,将方程(6.6.20)写为如下形式

$$q_x(x,t)=q_x(x)e^{i\omega t} \tag{6.8.11}$$

其中

$$q_x(x)=q_0\{e^{-\frac{i\omega x}{c_0}}-Re^{\frac{i\omega(x-2l)}{c_0}}\} \tag{6.8.12}$$

则$[j,k]$处管道内的流量分布为

$$q_x(x[j,k])=q_0[j,k]\times$$
$$\{e^{-\frac{i\omega x[j,k]}{c_0[j,k]}}-R[j,k]e^{\frac{i\omega(x[j,k]-2l[j,k])}{c_0[j,k]}}\} \tag{6.8.13}$$

利用方程(6.6.21),得到

$$q_0[j,k]=Y_0[j,k]p_0[j,k] \tag{6.8.14}$$

将方程(6.8.10)中的 $p_0[j,k]$ 代入,得到

$$q_0[j,k]=Y_0[j,k]p_0[j-1,n]\times$$
$$\left\{\frac{(1+R[j-1,n])e^{-\frac{i\omega l[j-1,n]}{c_0[j-1,n]}}}{1+R[j,k]e^{-\frac{2i\omega l[j,k]}{c_0[j,k]}}}\right\} \tag{6.8.15}$$

可以看出,在沿树状结构的连续管道之间,p_0 和 q_0 提供了重要联系。即某根管道下游端的 p_0,q_0 值为下一根管道提供了 p_0 和 q_0 的输入值,依次类推。

使用方程(6.8.2)计算树状结构内压力和流量分布的过程,以计算树状结构内每个管段的有效导纳开始。该方程表明,给定管段的有效导纳取决于该管段两个分支的有效导纳,因此计算必须从分支到母管,从树形结构的外围开始。在外围,必须指定第一组管段的有效导纳,以便开始计算。例如,假设这些管段不存在来自下游端的波反射,那么它们的有效导纳等于它们的特性导纳,而特性导纳仅取决于方程(6.6.15)所定义的管道特性。或者,如果在这些管道中有波反射,并且反射系数已知或指定,则有效导纳可由方程(6.7.1)计算。

根据计算得到的有效导纳,可以用方程(6.8.1)计算出各接管点的反射系数。每个管段内初始前向波的振幅 p_0 由方程(6.8.10)确定。在该方程中可以

脉动流物理学

看出，一个管段的 p_0 值取决于其母管段的 p_0 值，因此 p_0 的计算必须从树状结构的根部管段到外围管段。将所有压力除以根部管段的 p_0 值（即 $p_0[0,0]$），同样，将所有流量除以 $q_0[0,0]$，特征导纳除以 $Y_0[0,0]$，使用下面的记法

$$\bar{p}_0[j,k] = \frac{p_0[j,k]}{p_0[0,0]} \tag{6.8.16}$$

$$\bar{q}_0[j,k] = \frac{q_0[j,k]}{q_0[0,0]}$$

$$= \frac{Y_0[j,k]p_0[j,k]}{Y_0[0,0]p_0[0,0]}$$

$$= \bar{Y}_0[j,k]\bar{p}_0[j,k] \tag{6.8.17}$$

对方程(6.8.10)和方程(6.8.15)进行无量纲处理

$$\bar{p}_0[j,k] = \bar{p}_0[j-1,n] \times$$

$$\left\{ \frac{(1+R[j-1,n])\,\mathrm{e}^{\frac{i\omega l[j-1,n]}{c_0[j-1,n]}}}{1+R[j,k]\,\mathrm{e}^{-\frac{2i\omega l[j,k]}{c_0[j,k]}}} \right\} \tag{6.8.18}$$

$$\bar{q}_0[j,k] = \bar{Y}_0[j,n]\bar{p}_0[j-1,n] \times$$

$$\left\{ \frac{(1+R[j-1,n])\,\mathrm{e}^{\frac{i\omega l[j-1,n]}{c_0[j-1,n]}}}{1+R[j,k]\,\mathrm{e}^{-\frac{2i\omega l[j,k]}{c_0[j,k]}}} \right\} \tag{6.8.19}$$

由方程(6.8.16)和方程(6.8.17)，从省事的值开始，这些方程现在可以用来求解树状结构中连续多层处的 $\bar{p}_0$ 和 $\bar{q}_0$

$$\bar{p}_0[0,0] = 1.0, \quad \bar{q}_0[0,0] = 1.0 \tag{6.8.20}$$

从方程(6.8.18)～(6.8.20)可以看出，在没有波反射（$R=0$）的情况下，这些输入的正向压力振幅和流量振幅的归一化值在整个树状结构中都为 1.0。当出现波反射时，这种状态有重要参考价值。因为在这种情况下，树状结构不同部分的 $\bar{p}_0$ 和 $\bar{q}_0$ 值将偏离参考值 1.0，这些偏差可以归因于波反射的影响。

通过在整个树状结构中计算 $\bar{p}_0$ 和 $\bar{q}_0$ 的值，通过方程(6.6.19)和方程(6.6.20)可以得到各管段压力和流量分布的完整表达式，为

$$\bar{p}(x[j,k],t) = \bar{p}_0[j,k]\mathrm{e}^{i\omega\left(t-\frac{x[j,k]}{c_0[j,k]}\right)} +$$

$$R[j,k]\bar{p}_0[j,k]\mathrm{e}^{i\omega\left(t+\frac{x[j,k]}{c_0[j,k]}-\frac{2l[j,k]}{c_0[j,k]}\right)} \tag{6.8.21}$$

$$\bar{q}(x[j,k],t) = \bar{q}_0[j,k]\mathrm{e}^{i\omega\left(t-\frac{x[j,k]}{c_0[j,k]}\right)} -$$

$$R[j,k]\bar{q}_0[j,k]\mathrm{e}^{i\omega\left(t+\frac{x[j,k]}{c_0[j,k]}-\frac{2l[j,k]}{c_0[j,k]}\right)} \tag{6.8.22}$$

其中

$$\bar{p}(x[j,k],t) = \frac{p(x[j,k],t)}{p_0[0,0]} \tag{6.8.23}$$

$$\bar{q}(x[j,k],t) = \frac{q(x[j,k],t)}{q_0[0,0]} \tag{6.8.24}$$

通过将方程(6.8.21)和方程(6.8.22)写为如下形式,可以更清楚地看到沿每个管段和沿整个树状结构上压力和流量分布的含义

$$\bar{p}(x[j,k],t) = \bar{p}_x(x[j,k])\,e^{i\omega t} \tag{6.8.25}$$

$$\bar{q}(x[j,k],t) = \bar{q}_x(x[j,k])\,e^{i\omega t} \tag{6.8.26}$$

其中 $\bar{p}_x(x[j,k])$ 和 $\bar{q}_x(x[j,k])$ 由方程(6.8.4)和方程(6.8.13)给出。由于这些通常为复数,我们引入如下记法

$$\bar{p}(x,t) = \bar{p}_R(x,t) + i\,\bar{p}_I(x,t) \tag{6.8.27}$$

$$\bar{p}_x(x) = \bar{p}_{xR}(x) + i\,\bar{p}_{xI}(x) \tag{6.8.28}$$

$$\bar{q}(x,t) = \bar{q}_R(x,t) + i\,\bar{q}_I(x,t) \tag{6.8.29}$$

$$\bar{q}_x(x) = \bar{q}_{xR}(x) + i\,\bar{q}_{xI}(x) \tag{6.8.30}$$

那么

$$\bar{p}_R(x,t) = \bar{p}_{xR}(x)\cos\omega t - \bar{p}_{xI}(x)\sin\omega t \tag{6.8.31}$$

$$\bar{p}_I(x,t) = \bar{p}_{xI}(x)\cos\omega t + \bar{p}_{xR}(x)\sin\omega t \tag{6.8.32}$$

$$\bar{q}_R(x,t) = \bar{q}_{xR}(x)\cos\omega t - \bar{q}_{xI}(x)\sin\omega t \tag{6.8.33}$$

$$\bar{q}_I(x,t) = \bar{q}_{xI}(x)\cos\omega t + \bar{q}_{xR}(x)\sin\omega t \tag{6.8.34}$$

通过简单的三角函数就可以把它们写成如下形式

$$\bar{p}_R(x,t) = |\bar{p}_x(x)|\cos(\omega t + \delta) \tag{6.8.35}$$

$$\bar{p}_I(x,t) = |\bar{p}_x(x)|\sin(\omega t + \delta) \tag{6.8.36}$$

$$\bar{q}_R(x,t) = |\bar{q}_x(x)|\cos(\omega t + \gamma) \tag{6.8.37}$$

$$\bar{q}_I(x,t) = |\bar{q}_x(x)|\sin(\omega t + \gamma) \tag{6.8.38}$$

其中

$$|\bar{p}_x(x)| = \sqrt{\bar{p}_{xR}^2 + \bar{p}_{xI}^2} \tag{6.8.39}$$

$$\tan\delta = \frac{\bar{p}_{xI}}{\bar{p}_{xR}} \tag{6.8.40}$$

$$|\bar{q}_x(x)| = \sqrt{\bar{q}_{xR}^2 + \bar{q}_{xI}^2} \tag{6.8.41}$$

$$\tan\gamma = \frac{\bar{q}_{xI}}{\bar{q}_{xR}} \tag{6.8.42}$$

此时,压力的绝对值 $|\bar{p}_x(x)|$ 表示沿管道指定位置处的时间振荡范围。它是沿管道给定位置时间振荡的振幅,因此 $|\bar{p}_x(x)|$ 和 $|\bar{q}_x(x)|$ 沿管道的分布是反映波反射效应的重要指标。在没有波反射的情况下,我们可以看到,这个无量纲振幅在每个管段的各处都是1.0,在树状结构的各个位置也是如此。在有波反射的情况下,$|\bar{p}_x(x)|=1.0$ 的任何偏差都可以直接和完全归因于波反射。

例如,压力沿图6.8.2中所示简单树状结构的分布如图6.8.3所示。压力升高的总趋势显而易见,这就是导致人类主动脉出现所谓"峰值现象"的原

因[6,10,17,19]。图 6.8.3 所示压力升高代表复合压力波在下行主动脉时心脏所产生的各谐波振幅升高。因此,图 6.8.4 所示复合波变得"更加尖锐"。

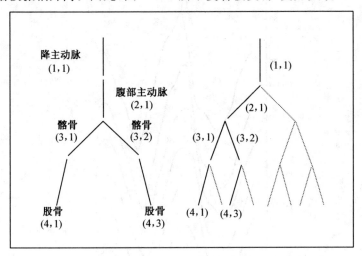

图 6.8.2　高度简化的狗的主动脉树状结构骨架(左)和它每一部分的坐标映射(右)。根部管段在这里表示为(1,1)。而在后面的讨论中,将用[0,0]表示。参见资料[6]

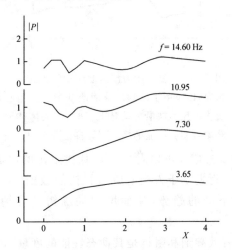

图 6.8.3　沿图 6.8.2 所示简单树状结构振荡压力波(|p|)在不同频率下的振幅。位置坐标 X 在血管树的每一层进行归一化,使得每个血管段的长度为 1.0。参见资料[6]

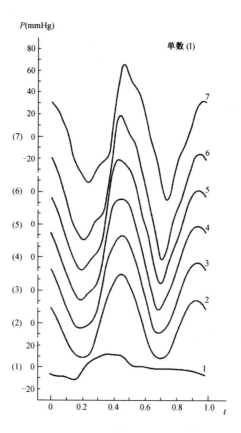

图 6.8.4　复合压力波沿七层动脉树的发展
情况,以及由于波的反射而改变形状。当心
脏内的压力波沿主动脉下行时,在人体体循
环中观察到明显的"峰值"。参见资料[6]

　　波反射引起的压力增加可以看作是动脉树阻抗的增加,或者等同于动脉
树相应导纳的降低。近期基于人类心脏血管树的数据[20,21] 的研究表明,波反
射也可以引起血压下降的趋势,从而增加动脉树的导纳(图 6.8.5 和图 6.
8.6)。

　　血管树结构的有效导纳和阻抗是其动态性能的度量,它们代表进入血管树
的压力波或流动波被允许或被阻止的程度,是血管树的动力学特性,与特征导
纳和阻抗有着根本区别;它们依赖于频率,而特征导纳和阻抗仅依赖于血管树
的静态特性。

　　因此,需要获得不同频率下血管树的有效导纳或阻抗值,从而形成所谓的
"频谱",这是血管树的动态分布。图 6.8.5 的血管树导纳谱示例如图 6.8.7 所
示。频谱上的极大值点和极小值点在这里被称为"节点",它们的概念与单管节

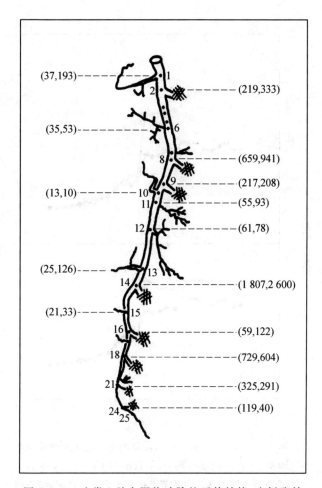

图 6.8.5　人类心脏右冠状动脉的延伸结构,由树脂铸
成的血管及其分支获得。括号内的数字表示沿主干不
同接合处的子树的大小。第一个数字表示每个子树中
的分支节数,第二个数字表示其体积(mm³)。参见资料
[21]

点的概念类似,但不像单管节点那样简单(图 6.4.1)。例如,假设第一个节点
出现在主反射点的 $\frac{1}{4}$ 波长处,类似于单一管道中从管道反射端到第一个节点
的距离(图 6.4.1,图 6.8.7)。

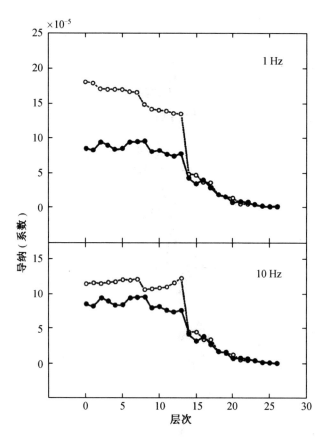

图 6.8.6　图 6.8.5 所示主冠状动脉的不同连接处以及两个不同频率下(上、下平面)的导纳([cm³/s]/[dynes/cm²])。"层级"值表示图 6.8.5 中各节点在主干道上的位置,实心曲线(实心圆)表示特征导纳,其值只取决于血管段的静态特性,与频率无关。虚线(空心圆)表示有效导纳,有效导纳取决于波反射,因此也取决于频率。两个曲线在两个平面之间的差异完全来源于波的反射。此外,在高频段和低频段,有效导纳都比特征导纳高,因此波反射通过增加传播波的导纳来"帮助"流动,这与图 6.8.4 相反的峰值现象形成对比。参见资料[21]

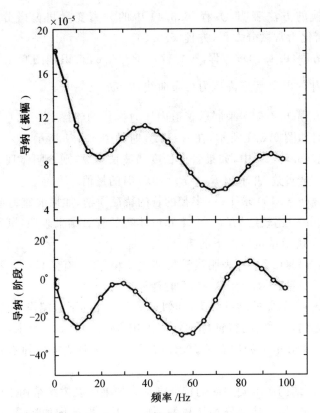

图 6.8.7　图 6.8.5 所示血管树的频谱图,以振幅(上图)和
相位(下图)的方式展示了不同频率下的有效导纳。频谱提
供了血管树的动态分布,表示压力波和流动波导纳随频率的
变化。最大值和最小值的点在这里被称为"节点",它们与图
6.4.1 中单个管道内流动的节点具有类似的解释(参见正
本)。参见资料[21]

6.9　思　考　题

1.在刚性管道脉动流中,有可能发生波反射吗? 给出你答案的理由。

2.从物理学的角度解释为什么波的反射在脉动流中是重要的?

3.波在弹性管道中传播是由于管壁的弹性,使管壁在压力增大时局部"鼓出",而在压力减小时则回缩。那么,如何才能通过消除了径向的一维分析来考虑波的传播和波的反射呢?

4.用代换法表明,方程(6.3.6)中 $p_x(x)$ 的形式是方程(6.3.5)的通解。

149

5.用代换的方法表明，方程(6.3.4)中的分离变量将偏微分方程(方程(6.2.18))简化为常微分方程(方程(6.3.5))。

6.使用方程(6.4.10)，方程(6.4.17)，$R=0.8$，来识别图 6.4.1 中所示的在振荡周期内 $\frac{1}{4}$ 时刻管道内压力分布曲线，即 $\omega t=\frac{\pi}{2}$ 处。

7.利用方程(6.4.18)来展示管道内压力振荡的轮廓，即 $|\bar{p}_x(\bar{x})|$ 的分布，在无波反射时如图 6.3.1 所示，在 $R=0.8$ 时如图 6.4.1 所示。

8.在方程(6.5.19)中，如果管道长度和波长相等，则表明体现二次波反射效应的参数 ε 是实数，并求出 $R_0=R_l=0.5$ 时的量值。

9.用方程(6.6.15)求 1 cm 半径的管的特征导纳，如果波速为 1 m/s，流体密度为 1 g/cm³。比较结果与一个 1 mm 半径的管。结果表明，其物理尺寸为方程(6.6.17)所示单位压力下的流量。

10.利用方程(6.7.1)，表明当管长和波长相等时，有效导纳与特征导纳之比仅取决于反射系数 R。当 $R=0.5$ 时计算这个比例。

11.考虑一个孤立的动脉分叉，即假设两个分支的下游端没有波反射，因此它们的有效导纳与它们的特征导纳相同。用方程(6.7.14)表示，在交点处的反射系数与分叉处的面积比有关。求出在分叉对称且立方定律有效的情况下的值。

12.考虑树结构中不同层次的特征导纳。如果假设树状结构中的分支直径服从立方体定律，那么特征导纳从树的一层到下一层是增加还是减少？当然，在有波反射的情况下，每层的实际导纳是有效导纳。你如何预测有效导纳从树的一层改变到下一层？

6.10　参考资料

[1] Morgan GW, Kiely JP, 1954. Wave propagation in a viscous liquid contained in a flexible tube. Journal of Acoustical Society of America 26: 323-328.

[2] Womersley JR, 1957. Oscillatory flow in arteries: the constrained elastic tube as a model of arterial flow and pulse transmission. Physics in Medicine and Biology 2: 178-187.

[3] Patel DJ, Fry DL, 1966. Longitudinal tethering of arteries in dogs. Circulation Research 19: 1011-1021.

[4] Duan B, Zamir M, 1993. Reflection coefficients in pulsatile flow through converging junctions and the pressure distribution in a simple loop. Journal of Biomechanics 26: 1439-1447.

[5] Duan B, Zamir M, 1995. Mechanics of wave reflections in a coronary bypass loop model:

脉动流物理学

The possibility of partial flow cut-off. Journal of Biomechanics 28:567-574.

[6]Duan B,Zamir M,1995. Pressure peaking in pulsatile flow through arterial tree structures. Annals of Biomedical Engineering 23:794-803.

[7]Taylor MG,1957. An approach to the analysis of the arterial pulse wave. I. Oscillations in an attenuating line. Physics in Medicine and Biology I:258-269.

[8]Taylor MG,1966. The input impedance of an assembly of randomly branching tubes. Biophysical Journal 6:29-51.

[9]Wylie EB,Streeter V,1978. Fluid Transient. McGraw-Hill,New York.

[10] Fung YC,1984. Biodynamics:Circulation. Springer-Verlag,New York.

[11]Hardung V,1962. Propagation of pulse waves in viscoelastic tubings. Handbook of Physiology:Circulation. 1:107-135. Williams and Wilkins,Baltimore.

[12]Lighthill MJ,1975. Mathematical Biofluiddynamics. Society for Industrial and Applied Mathematics,Philadelphia.

[13]Duan B,Zamir M,1992. Viscous damping in one-dimensional wave transmission. Journal of Acoustical Society of America 92:3358-3363.

[14]Spiegel MR,1967. applied Differential Equations. Prentice Hall,Englewood Cliffs, New Jersey.

[15]Kenner T,1969. The dynamics of pulsatile flow in the coronary arteries. Pflügers Archiv;European Journal of Physiology 310:22-34.

[16]Spiegel MR,1968. Mathematical Handbook of Formulas and Tables. McGraw-Hill, New York.

[17]McDonald DA,1974. Blood flow in arteries. Edward Arnold,London.

[18]Milnor WR,1989. Hemodynamics. Williams and Wilkins,Baltimore.

[19]Kouchoukos NT,Sheppard LC,McDonald DA,1970. Estimation of stroke volume in the dog by pulse contour method. Circulation Research 26:611-623.

[20]Zamir M,1996. Tree structure and branching charactyeristics of the right coronary artery in a right-dominant heart. Canadian Journal of Cardiology 12(6):593-599.

[21]Zamir M,1998. Mechanics of blood supply to the heart:wave reflection effects in a right coronary artery. Proceedigs of the Royal Society of London B265:439-444.

151

附

录

A

Ω	Λ	$J_0(\Lambda)$
0.0	0.0000+0.0000i	1.0000+0.0000i
0.1	-0.0707+0.0707i	1.0000+0.0025i
0.2	-0.1414+0.1414i	1.0000+0.0100i
0.3	-0.2121+0.2121i	0.9999+0.0225i
0.4	-0.2828+0.2828i	0.9996+0.0400i
0.5	-0.3536+0.3536i	0.9990+0.0625i
0.6	-0.4243+0.4243i	0.9980+0.0900i
0.7	-0.4950+0.4950i	0.9962+0.1224i
0.8	-0.5657+0.5657i	0.9936+0.1599i
0.9	-0.6364+0.6364i	0.9898+0.2023i
1.0	-0.7071+0.7071i	0.9844+0.2496i
1.1	-0.7778+0.7778i	0.9771+0.3017i
1.2	-0.8485+0.8485i	0.9676+0.3587i
1.3	-0.9192+0.9192i	0.9554+0.4204i
1.4	-0.9899+0.9899i	0.9401+0.4867i
1.5	-1.0607+1.0607i	0.9211+0.5576i
1.6	-1.1314+1.1314i	0.8979+0.6327i
1.7	-1.2021+1.2021i	0.8700+0.7120i
1.8	-1.2728+1.2728i	0.8367+0.7953i
1.9	-1.3435+1.3435i	0.7975+0.8821i

脉动流物理学

Ω	Λ	$J_0(\Lambda)$
2.0	-1.4142+1.4142i	0.7517+0.9723i
2.1	-1.4849+1.4849i	0.6987+1.0654i
2.2	-1.5556+1.5556i	0.6377+1.1610i
2.3	-1.6263+1.6263i	0.5680+1.2585i
2.4	-1.6971+1.6971i	0.4890+1.3575i
2.5	-1.7678+1.7678i	0.4000+1.4572i
2.6	-1.8385+1.8385i	0.3001+1.5569i
2.7	-1.9092+1.9092i	0.1887+1.6557i
2.8	-1.9799+1.9799i	0.0651+1.7529i
2.9	-2.0506+2.0506i	-0.0714+1.8472i
3.0	-2.1213+2.1213i	-0.2214+1.9376i
3.1	-2.1920+2.1920i	-0.3855+2.0228i
3.2	-2.2627+2.2627i	-0.5644+2.1016i
3.3	-2.3335+2.3335i	-0.7584+2.1723i
3.4	-2.4042+2.4042i	-0.9680+2.2334i
3.5	-2.4749+2.4749i	-1.1936+2.2832i
3.6	-2.5456+2.5456i	-1.4353+2.3199i
3.7	-2.6163+2.6163i	-1.6933+2.3413i
3.8	-2.6870+2.6870i	-1.9674+2.3454i
3.9	-2.7577+2.7577i	-2.2576+2.3300i
4.0	-2.8284+2.8284i	-2.5634+2.2927i
4.1	-2.8991+2.8991i	-2.8843+2.2309i
4.2	-2.9698+2.9698i	-3.2195+2.1422i
4.3	-3.0406+3.0406i	-3.5679+2.0236i
4.4	-3.1113+3.1113i	-3.9283+1.8726i
4.5	-3.1820+3.1820i	-4.2991+1.6860i
4.6	-3.2527+3.2527i	-4.6784+1.4610i
4.7	-3.3234+3.3234i	-5.0639+1.1946i
4.8	-3.3941+3.3941i	-5.4531+0.8837i
4.9	-3.4648+3.4648i	-5.8429+0.5251i
5.0	-3.5355+3.5355i	-6.2301+0.1160i
5.1	-3.6062+3.6062i	-6.6107-0.3467i
5.2	-3.6770+3.6770i	-6.9803-0.8658i
5.3	-3.7477+3.7477i	-7.3344-1.4443i
5.4	-3.8184+3.8184i	-7.6674-2.0845i
5.5	-3.8891+3.8891i	-7.9736-2.7890i
5.6	-3.9598+3.9598i	-8.2466-3.5597i
5.7	-4.0305+4.0305i	-8.4794-4.3986i
5.8	-4.1012+4.1012i	-8.6644-5.3068i
5.9	-4.1719+4.1719i	-8.7937-6.2854i

Ω	Λ	$J_0(\Lambda)$
6.0	-4.2426+4.2426i	-8.8583-7.3347i
6.1	-4.3134+4.3134i	-8.8491-8.4545i
6.2	-4.3841+4.3841i	-8.7561-9.6437i
6.3	-4.4548+4.4548i	-8.5688-10.9007i
6.4	-4.5255+4.5255i	-8.2762-12.2229i
6.5	-4.5962+4.5962i	-7.8669-13.6065i
6.6	-4.6669+4.6669i	-7.3287-15.0470i
6.7	-4.7376+4.7376i	-6.6492-16.5384i
6.8	-4.8083+4.8083i	-5.8155-18.0736i
6.9	-4.8790+4.8790i	-4.8146-19.6440i
7.0	-4.9497+4.9497i	-3.6329-21.2394i
7.1	-5.0205+5.0205i	-2.2571-22.8481i
7.2	-5.0912+5.0912i	-0.6737-24.4565i
7.3	-5.1619+5.1619i	1.1308-26.0492i
7.4	-5.2326+5.2326i	3.1695-27.6088i
7.5	-5.3033+5.3033i	5.4550-29.1157i
7.6	-5.3740+5.3740i	7.9994-30.5483i
7.7	-5.4447+5.4447i	10.8140-31.8824i
7.8	-5.5154+5.5154i	13.9089-33.0915i
7.9	-5.5861+5.5861i	17.2931-34.1468i
8.0	-5.6569+5.6569i	20.9740-35.0167i
8.1	-5.7276+5.7276i	24.9569-35.6671i
8.2	-5.7983+5.7983i	29.2452-36.0611i
8.3	-5.8690+5.8690i	33.8398-36.1594i
8.4	-5.9397+5.9397i	38.7384-35.9198i
8.5	-6.0104+6.0104i	43.9359-35.2977i
8.6	-6.0811+6.0811i	49.4231-34.2458i
8.7	-6.1518+6.1518i	55.1869-32.7143i
8.8	-6.2225+6.2225i	61.2097-30.6514i
8.9	-6.2933+6.2933i	67.4687-28.0029i
9.0	-6.3640+6.3640i	73.9357-24.7128i
9.1	-6.4347+6.4347i	80.5764-20.7236i
9.2	-6.5054+6.5054i	87.3500-15.9764i
9.3	-6.5761+6.5761i	94.2084-10.4117i
9.4	-6.6468+6.6468i	101.0964-3.9693i
9.5	-6.7175+6.7175i	107.9500+3.4106i
9.6	-6.7882+6.7882i	114.6971+11.7870i
9.7	-6.8589+6.8589i	121.2561+21.2175i
9.8	-6.9296+6.9296i	127.5357+31.7575i
9.9	-7.0004+7.0004i	133.4345+43.4592i

脉动流物理学

Ω	Λ	$J_0(\Lambda)$
10.0	-7.0711+7.0711i	138.8405+56.3705i
10.1	-7.1418+7.1418i	143.6306+70.5343i
10.2	-7.2125+7.2125i	147.6705+85.9873i
10.3	-7.2832+7.2832i	150.8141+102.7583i
10.4	-7.3539+7.3539i	152.9034+120.8673i
10.5	-7.4246+7.4246i	153.7686+140.3238i
10.6	-7.4953+7.4953i	153.2277+161.1250i
10.7	-7.5660+7.5660i	151.0869+183.2547i
10.8	-7.6368+7.6368i	147.1407+206.6808i
10.9	-7.7075+7.7075i	141.1724+231.3540i
11.0	-7.7782+7.7782i	132.9544+257.2052i
11.1	-7.8489+7.8489i	122.2493+284.1439i
11.2	-7.9196+7.9196i	108.8104+312.0556i
11.3	-7.9903+7.9903i	92.3834+340.7999i
11.4	-8.0610+8.0610i	72.7073+370.2078i
11.5	-8.1317+8.1317i	49.5166+400.0798i
11.6	-8.2024+8.2024i	22.5427+430.1828i
11.7	-8.2731+8.2731i	-8.4832+460.2484i
11.8	-8.3439+8.3439i	-43.8279+489.9697i
11.9	-8.4146+8.4146i	-83.7530+518.9998i
12.0	-8.4853+8.4853i	-128.5116+546.9486i
12.1	-8.5560+8.5560i	-178.3446+573.3811i
12.2	-8.6267+8.6267i	-233.4761+597.8151i
12.3	-8.6974+8.6974i	-294.1095+619.7195i
12.4	-8.7681+8.7681i	-360.4215+638.5122i
12.5	-8.8388+8.8388i	-432.5575+653.5589i
12.6	-8.9095+8.9095i	-510.6247+664.1719i
12.7	-8.9803+8.9803i	-594.6859+669.6094i
12.8	-9.0510+9.0510i	-684.7528+669.0752i
12.9	-9.1217+9.1217i	-780.7779+661.7186i
13.0	-9.1924+9.1924i	-882.6466+646.6356i
13.1	-9.2631+9.2631i	-990.1690+622.8702i
13.2	-9.3338+9.3338i	-1103.0706+589.4163i
13.3	-9.4045+9.4045i	-1220.9828+545.2208i
13.4	-9.4752+9.4752i	-1343.4335+489.1877i
13.5	-9.5459+9.5459i	-1469.8363+420.1827i
13.6	-9.6167+9.6167i	-1599.4804+337.0393i
13.7	-9.6874+9.6874i	-1731.5195+238.5659i
13.8	-9.7581+9.7581i	-1864.9609+123.5544i
13.9	-9.8288+9.8288i	-1998.6544-9.2100i

Ω	Λ	$J_0(\Lambda)$
14.0	-9.8995+9.8995i	-2131.2812-160.9377i
14.1	-9.9702+9.9702i	-2261.3426-332.8211i
14.2	-10.0409+10.0409i	-2387.1497-526.0207i
14.3	-10.1116+10.1116i	-2506.8122-741.6479i
14.4	-10.1823+10.1823i	-2618.2294-980.7472i
14.5	-10.2530+10.2530i	-2719.0803-1244.2754i
14.6	-10.3238+10.3238i	-2806.8153-1533.0796i
14.7	-10.3945+10.3945i	-2878.6497-1847.8721i
14.8	-10.4652+10.4652i	-2931.5570-2189.2041i
14.9	-10.5359+10.5359i	-2962.2652-2557.4363i
15.0	-10.6066+10.6066i	-2967.2545-2952.7079i

156

Ω	$J_1(\Lambda)$	$G(\Lambda)$
0.0	0.0000+0.0000i	1.0000-0.0000i
0.1	-0.0354+0.0353i	1.0000-0.0000i
0.2	-0.0711+0.0704i	1.0000-0.0000i
0.3	-0.1073+0.1049i	1.0000-0.0000i
0.4	-0.1442+0.1386i	1.0001-0.0000i
0.5	-0.1822+0.1712i	1.0003-0.0000i
0.6	-0.2215+0.2024i	1.0007-0.0001i
0.7	-0.2623+0.2320i	1.0012-0.0002i
0.8	-0.3049+0.2596i	1.0021-0.0004i
0.9	-0.3493+0.2849i	1.0033-0.0008i
1.0	-0.3959+0.3076i	1.0049-0.0014i
1.1	-0.4447+0.3272i	1.0071-0.0025i
1.2	-0.4959+0.3435i	1.0097-0.0042i
1.3	-0.5496+0.3559i	1.0127-0.0066i
1.4	-0.6059+0.3642i	1.0162-0.0101i
1.5	-0.6649+0.3679i	1.0198-0.0147i
1.6	-0.7264+0.3664i	1.0234-0.0208i
1.7	-0.7905+0.3594i	1.0265-0.0285i
1.8	-0.8571+0.3463i	1.0287-0.0376i
1.9	-0.9260+0.3266i	1.0295-0.0482i
2.0	-0.9971+0.2998i	1.0285-0.0598i
2.1	-1.0700+0.2653i	1.0252-0.0718i
2.2	-1.1445+0.2225i	1.0197-0.0837i
2.3	-1.2202+0.1708i	1.0121-0.0947i
2.4	-1.2966+0.1098i	1.0027-0.1043i
2.5	-1.3731+0.0387i	0.9922-0.1123i
2.6	-1.4491-0.0430i	0.9809-0.1184i
2.7	-1.5240-0.1359i	0.9695-0.1227i
2.8	-1.5968-0.2406i	0.9583-0.1254i
2.9	-1.6667-0.3576i	0.9476-0.1268i
3.0	-1.7326-0.4875i	0.9375-0.1271i
3.1	-1.7935-0.6306i	0.9281-0.1266i
3.2	-1.8481-0.7875i	0.9194-0.1254i
3.3	-1.8949-0.9585i	0.9115-0.1238i
3.4	-1.9327-1.1440i	0.9043-0.1219i
3.5	-1.9596-1.3440i	0.8977-0.1198i
3.6	-1.9742-1.5589i	0.8917-0.1175i
3.7	-1.9744-1.7885i	0.8862-0.1152i
3.8	-1.9584-2.0327i	0.8811-0.1128i
3.9	-1.9241-2.2913i	0.8765-0.1105i

Ω	$J_1(\Lambda)$	$G(\Lambda)$
4.0	-1.8692-2.5638i	0.8722-0.1082i
4.1	-1.7916-2.8496i	0.8682-0.1060i
4.2	-1.6886-3.1479i	0.8645-0.1039i
4.3	-1.5579-3.4576i	0.8611-0.1018i
4.4	-1.3969-3.7774i	0.8579-0.0998i
4.5	-1.2028-4.1057i	0.8549-0.0978i
4.6	-0.9730-4.4406i	0.8520-0.0960i
4.7	-0.7046-4.7801i	0.8493-0.0942i
4.8	-0.3949-5.1214i	0.8468-0.0925i
4.9	-0.0410-5.4618i	0.8444-0.0908i
5.0	0.3598-5.7979i	0.8421-0.0892i
5.1	0.8102-6.1260i	0.8399-0.0877i
5.2	1.3128-6.4421i	0.8378-0.0862i
5.3	1.8701-6.7414i	0.8358-0.0847i
5.4	2.4844-7.0189i	0.8338-0.0834i
5.5	3.1579-7.2690i	0.8320-0.0820i
5.6	3.8922-7.4857i	0.8302-0.0807i
5.7	4.6889-7.6622i	0.8285-0.0795i
5.8	5.5492-7.7914i	0.8269-0.0782i
5.9	6.4736-7.8657i	0.8253-0.0770i
6.0	7.4622-7.8767i	0.8238-0.0759i
6.1	8.5146-7.8156i	0.8223-0.0748i
6.2	9.6296-7.6730i	0.8209-0.0737i
6.3	10.8053-7.4391i	0.8195-0.0726i
6.4	12.0389-7.1035i	0.8182-0.0716i
6.5	13.3267-6.6553i	0.8169-0.0706i
6.6	14.6639-6.0832i	0.8157-0.0696i
6.7	16.0446-5.3755i	0.8145-0.0686i
6.8	17.4616-4.5201i	0.8133-0.0677i
6.9	18.9063-3.5048i	0.8122-0.0668i
7.0	20.3689-2.3172i	0.8111-0.0659i
7.1	21.8377-0.9445i	0.8100-0.0651i
7.2	23.2995+0.6256i	0.8090-0.0642i
7.3	24.7391+2.4056i	0.8080-0.0634i
7.4	26.1397+4.4075i	0.8071-0.0626i
7.5	27.4822+6.6429i	0.8061-0.0618i
7.6	28.7456+9.1229i	0.8052-0.0610i
7.7	29.9065+11.8575i	0.8043-0.0603i
7.8	30.9394+14.8559i	0.8035-0.0596i
7.9	31.8163+18.1258i	0.8026-0.0589i

158

脉动流物理学

Ω	$J_1(\Lambda)$	$G(\Lambda)$
8.0	32.5069+21.6735i	0.8018-0.0582i
8.1	32.9782+25.5034i	0.8010-0.0575i
8.2	33.1950+29.6177i	0.8002-0.0568i
8.3	33.1195+34.0162i	0.7995-0.0562i
8.4	32.7112+38.6959i	0.7988-0.0555i
8.5	31.9274+43.6505i	0.7980-0.0549i
8.6	30.7229+48.8702i	0.7973-0.0543i
8.7	29.0503+54.3412i	0.7967-0.0537i
8.8	26.8601+60.0452i	0.7960-0.0531i
8.9	24.1008+65.9591i	0.7954-0.0526i
9.0	20.7192+72.0543i	0.7947-0.0520i
9.1	16.6608+78.2964i	0.7941-0.0515i
9.2	11.8699+84.6448i	0.7935-0.0509i
9.3	6.2902+91.0518i	0.7929-0.0504i
9.4	-0.1349+97.4626i	0.7923-0.0499i
9.5	-7.4614+103.8144i	0.7918-0.0494i
9.6	-15.7448+110.0360i	0.7912-0.0489i
9.7	-25.0385+116.0475i	0.7907-0.0484i
9.8	-35.3939+121.7595i	0.7901-0.0479i
9.9	-46.8590+127.0730i	0.7896-0.0475i
10.0	-59.4776+131.8786i	0.7891-0.0470i
10.1	-73.2883+136.0567i	0.7886-0.0465i
10.2	-88.3234+139.4764i	0.7881-0.0461i
10.3	-104.6075+141.9960i	0.7877-0.0457i
10.4	-122.1564+143.4624i	0.7872-0.0453i
10.5	-140.9753+143.7110i	0.7867-0.0448i
10.6	-161.0577+142.5659i	0.7863-0.0444i
10.7	-182.3835+139.8400i	0.7859-0.0440i
10.8	-204.9172+135.3350i	0.7854-0.0436i
10.9	-228.6061+128.8422i	0.7850-0.0432i
11.0	-253.3784+120.1428i	0.7846-0.0429i
11.1	-279.1414+109.0086i	0.7842-0.0425i
11.2	-305.7787+95.2032i	0.7838-0.0421i
11.3	-333.1488+78.4831i	0.7834-0.0418i
11.4	-361.0824+58.5988i	0.7830-0.0414i
11.5	-389.3800+35.2971i	0.7826-0.0410i
11.6	-417.8102+8.3226i	0.7823-0.0407i
11.7	-446.1067-22.5802i	0.7819-0.0404i
11.8	-473.9663-57.6635i	0.7815-0.0400i
11.9	-501.0465-97.1742i	0.7812-0.0397i

Ω	$J_1(\Lambda)$	$G(\Lambda)$
12.0	-526.9634-141.3498i	0.7808-0.0394i
12.1	-551.2897-190.4153i	0.7805-0.0391i
12.2	-573.5524-244.5786i	0.7802-0.0388i
12.3	-593.2310-304.0262i	0.7798-0.0384i
12.4	-609.7565-368.9184i	0.7795-0.0381i
12.5	-622.5092-439.3834i	0.7792-0.0378i
12.6	-630.8185-515.5116i	0.7789-0.0376i
12.7	-633.9615-597.3494i	0.7786-0.0373i
12.8	-631.1637-684.8921i	0.7783-0.0370i
12.9	-621.5984-778.0766i	0.7780-0.0367i
13.0	-604.3881-876.7738i	0.7777-0.0364i
13.1	-578.6061-980.7798i	0.7774-0.0362i
13.2	-543.2783-1089.8078i	0.7771-0.0359i
13.3	-497.3866-1203.4786i	0.7768-0.0356i
13.4	-439.8726-1321.3110i	0.7765-0.0354i
13.5	-369.6429-1442.7120i	0.7763-0.0351i
13.6	-285.5745-1566.9669i	0.7760-0.0349i
13.7	-186.5226-1693.2281i	0.7757-0.0346i
13.8	-71.3285-1820.5053i	0.7755-0.0344i
13.9	61.1703-1947.6544i	0.7752-0.0341i
14.0	212.1289-2073.3667i	0.7750-0.0339i
14.1	382.6821-2196.1588i	0.7747-0.0336i
14.2	573.9303-2314.3615i	0.7745-0.0334i
14.3	786.9226-2426.1106i	0.7742-0.0332i
14.4	1022.6393-2529.3371i	0.7740-0.0330i
14.5	1281.9715-2621.7587i	0.7738-0.0327i
14.6	1565.6992-2700.8717i	0.7735-0.0325i
14.7	1874.4672-2763.9449i	0.7733-0.0323i
14.8	2208.7588-2808.0135i	0.7731-0.0321i
14.9	2568.8672-2829.8764i	0.7728-0.0319i
15.0	2954.8653-2826.0936i	0.7726-0.0317i

160

习 题 解 答

第 1 章

1. 沙子不是流体,因为它不是宏观尺度上的连续体。也就是说,沙子在宏观尺度上是粒状的,颗粒之间不是连续的。当沙子被倾倒时,它的颗粒在重力作用下移动,除了偶尔的碰撞或滚动之外,它们彼此独立。相比之下,血液是由连续的血浆及其中的血球组成的。细胞的大小量级为10^{-5}米,而肉眼可见的沙粒则比细胞大 10 到 100 倍。更重要的是,在宏观尺度上,浸泡血球的血浆是连续的,它赋予了血液液体的特性。血球的存在只是改变了性质的细节。

2. 如果一个血球的大小为 10 微米,那么在主动脉直径内可以容纳 2 500 个血球,这意味着主动脉内血液流动的规模要比血球的规模大得多。在这种情况下,认为血液是均匀的流体,以及认为主动脉中的血液流动是均匀的牛顿流体流动是合理的。在直径较小的血管中,这种模型将逐渐变得不那么有效,直到两种尺度变得相当,这发生在毛细血管当中。毛细血管内的血液不能被认为是均匀的流体,实际上毛细血管内的流动不能被认为是与主动脉内的流动相同的流动。

3. 当使流体运动的力作用均匀,即同等地作用于流体的每一个微元时,且物体的每一个微元在运动中都是同等自由或受约束时,流体就像固体一样整体运动。这种高度的一致性实际很难得到满足。杯子里的液体可以随着杯子一起运动,但没有流动的前提是要小心地以匀速移动杯子,以免"扰动"杯子里的液体。扰动杯子内的液体意味着扰动了力的均匀性,如果杯子被摇晃或加速就会产生这种扰动。在血管系统中存在着类似的重要情形。血管内的血液通常不受容纳这些血管的身体的适度缓慢的运动影响。但如果身体被剧烈摇晃或受到高加速度或冲击,可能会引发血管内的剧烈流动,从而导致血管损坏或破裂。

4. 流体运动定律需要流体中特定微元的速度,即需要流场的所谓"拉格朗日"描述。然而在这种描述中流体的每一个微元都必须被单独标记和跟踪,像在描述单个粒子运动中做的那样。这样做是不切实际的,且是它被欧拉速度代替的原因。运动定律如何适用于欧拉速度而不是拉格朗日速度将在流体流动方程的推导中概述,这是第 2 章的主题。

5. 流场中的加速度,以欧拉速度表示,取决于速度的时间导数和空间导数,如式(1.6.5)。因此:

a. 错误,因为空间中的速度梯度可能不是零。

b. 错误,因为时间上的速度梯度可能不是零。

c. 错误,因为一个稳定流场的(欧拉)速度不是时间的函数,因此与上面的"a"相同。

d. 错误,因为一个均匀流场的(欧拉)速度不是位置的函数,因此与上面的"b"相同。

6. 浸没在血浆中的血细胞并不是血液作为一个整体的连续体的合法"元素"。因此,单个细胞可以进行不属于血管内连续体的流体运动。特别是在血管壁附近,细胞可能会在它和血管壁之间的薄层血浆上滑动,血浆起着润滑剂的作用。在这种情况下,管壁处的无滑移边界条件适用于与血管壁接触的血浆微元,而不适用于不与管壁接触的滑动细胞。如果细胞确实与血管壁接触,无滑移边界条件将抑制细胞与血管壁接触的部分,而细胞的其余部分将继续被移动的血浆清扫出血管壁。这种结果是血细胞的"滚动",这种现象也发生在血管壁附近。

7. 管内流动的雷诺数 R 定义为

$$R = \frac{\rho \bar{u} d}{\mu} \tag{1.9.1}$$

式中,$\bar{u}$ 是通过管道的平均流速,ρ 和 μ 是流体的密度和黏度,d 是管道的直径。根据雷诺的原始实验,在 $R \approx 2\,000$ 处,管内层流变得不稳定,发生了由层流向湍流的过度。后来发现,$R = 2000$ 只是层流过度到湍流的一个下界。也就是说,当 R 值小于 2000 时,管中的流动通常是层流,流动中的任何扰动都将衰减而不是导致湍流。当 R 值高于 $2\,000$ 时,扰动可能会放大并导致湍流,每种情况下的确切值取决于许多其他因素,如扰动的性质和管壁的粗糙度等。

在心血管系统中,在正常的全身血流速率下,升主动脉(上行支脉)R 值应

脉动流物理学

接近 1 000,式(1.9.3)。在主动脉的较小分支中,由于直径较小和流速较低,R 值会较低。因此,在正常情况下,血液流动都是层流。然而,在较高的活动水平下,全身血液流动显著增强,R 值可能超过 2 000。在这些正常情况之外,湍流可以而且确有发生,通常是因为血管因病变而变窄并导致流量局部增加,或者通过瓣膜的流量因瓣膜小叶的病变而中断。在这两种情况下,局部存在的湍流(和声音)是潜在病理的重要临床线索。在脉动流中,由于增加了时间维度,湍流的发生更加复杂,流量和速度在振荡周期内只是暂时达到峰值。

第 2 章

1. 流体流动方程是以质量守恒定律和牛顿运动定律为基础的,牛顿运动定律要求运动物体的质量和加速度的乘积等于作用在物体上的合力。第一个定律产生了连续性方程(2.4.8),第二个产生了 Navier-Stokes 方程(2.8.1 ~ 2.8.3)。

2. 当流体在运动时,各微元运动是不一致的,因此流体流动方程必须单独处理每个微元。因为在宏观尺度上,每个流体微元都可由一个"点"表示,即一个质点,所以这些方程必须适用于流体的每一点。因此,它们是"点方程",不适用于整个流体,而是适用于流体内的每一点。

3. 当给定质量的流体的密度恒定时,它的质量守恒与体积守恒是一致的。连续性方程(2.4.8)规定了流场中给定点的速度梯度必须满足的某些条件,以确保流体微元在该点的体积守恒。涉及速度梯度,因为它表征流体微元的体积变形率。

4. Navier-Stokes 方程(2.8.1—2.8.3)基于牛顿运动定律式(2.5.1)

$$ma = F$$

其中,m 是运动物体的质量,a 是加速度,F 是作用在物体上的力,a 和 F 都是矢量。当这一定律应用于流体微元时,可消去质量,方程两边除以该微元的体积 v,方程变为

$$\rho a = f$$

其中,$\rho = m/v$ 是流体微元的密度,$f = F/v$ 是作用在单位体积的流体微元上的力。如第 2 章中所述,a 和 f 都可以用其他流动参数来表示,而实际上不需要质量 m 或体积 v。应用方程的流体元素的恒等式实际上是由它在 t 时刻的坐标位置 (x, r, θ) 决定的。该方程更完整的表述为

$$\rho(x, r, \theta, t)a(x, r, \theta, t) = f(x, r, \theta, t)$$

空间和时间中的每个"点",即 x, r, θ, t 的每一组值,代表一个单独的流体微元,

并将运动方程应用于该特定流体微元。

5. 体积力直接作用于运动流体微元的质量上,并且可以在不与它接触的情况下作用。边界力作用在流体微元的边界上,只有通过与相邻微元接触才能作用于其上。第一种力的例子是引力,第二种是压力或剪切应力。在没有重力的情况下,管内流动受压力和剪切应力的平衡控制。前一种是驱动力,后一种则是由流体黏度引起的阻力。引力可以增加驱动力或阻力,取决于流动是顺着重力的方向还是逆着重力的方向,例如,在倾斜管中的流动。

6. 作用在管壁上的剪切应力的效果是阻碍管内流动,剪切应力是作用在垂直于 r 的坐标面上的应力张量的分量,其方向为 x,即 τ_{rx}。它与该平面内的速度梯度的关系为式(2.7.2)

$$\tau_{rx} = \mu\left(\frac{\partial u}{\partial r} + \frac{\partial v}{\partial x}\right)$$

应力和速度梯度之间的关系是线性的,即它基于流体是牛顿流体的假设。此外,如果径向速度 v 为零,就像刚性管道中的稳态或脉动流一样,或者小到可以忽略不计,就像弹性管道中的传播波长远远大于管半径时的脉动流一样,剪切应力的这部分以更简单的形式出现,如式(5.5.2, 5.5.3)

$$\tau_{rx} = \mu\frac{\partial u}{\partial r}$$

7. 式(2.8.1)的形式为"密度×加速度+压力=黏性力",其中压力和黏性力代表单位体积力。因此,将方程乘以流体微元的体积,将两种力结合起来就得到了所需的形式。

8. 笛卡儿直角坐标系 x, y, z 下的 Navier-Stokes 方程和连续性方程及对应的速度分量 u, v, w 由如下几式给出

$$\rho\left(\frac{\partial u}{\partial t} + u\frac{\partial u}{\partial x} + v\frac{\partial u}{\partial y} + w\frac{\partial u}{\partial z}\right) + \frac{\partial p}{\partial x} = \mu\left(\frac{\partial^2 u}{\partial x^2} + \frac{\partial^2 u}{\partial y^2} + \frac{\partial^2 u}{\partial z^2}\right)$$

$$\rho\left(\frac{\partial v}{\partial t} + u\frac{\partial v}{\partial x} + v\frac{\partial v}{\partial y} + w\frac{\partial v}{\partial z}\right) + \frac{\partial p}{\partial y} = \mu\left(\frac{\partial^2 v}{\partial x^2} + \frac{\partial^2 v}{\partial y^2} + \frac{\partial^2 v}{\partial z^2}\right)$$

$$\rho\left(\frac{\partial w}{\partial t} + u\frac{\partial w}{\partial x} + v\frac{\partial w}{\partial y} + w\frac{\partial w}{\partial z}\right) + \frac{\partial p}{\partial z} = \mu\left(\frac{\partial^2 w}{\partial x^2} + \frac{\partial^2 w}{\partial y^2} + \frac{\partial^2 w}{\partial z^2}\right)$$

$$\frac{\partial u}{\partial x} + \frac{\partial v}{\partial y} + \frac{\partial w}{\partial z} = 0$$

与式 2.8.1—2.8.3 和 2.4.8 相比,可见在极柱坐标中由于曲率而产生了额外的项。尽管笛卡儿直角坐标系形式是更简单的,但由于管道的圆柱形几何形状,它不适合在管内流动中使用。

第 3 章

1.当流动进入管内时,最初只有与管壁接触的流体受到管壁的存在和管壁处无滑移边界条件的影响(图 3.1.1)。随着流体进一步向下游移动,影响区域会沿着管轴向增长,直到所有流体都受到管壁的影响。然后达到这样一种状况:当流体进一步向下游移动时流动不再改变,即流动得到了完全发展。从分析角度看,速度 u 不再随轴向 x 变化,因此

$$\frac{\partial u}{\partial x} \equiv 0$$

2.除了 Navier-Stokes 方程和连续性方程所基于的假设外,刚性管内稳态或脉动流的公式(3.2.9)还基于这样的假设:管道为完全圆柱形,其横截面为完全圆形,因此流场围绕管轴对称,角速度为零。进一步的假设是管道是足够长的,流动得以充分发展,因此径向速度为零,流动仅在轴向。

3.这个关系中的负号表明速度 $\hat{u}_s$ 和压力梯度 k_s 必须有相反的符号,符合物理基础。管内流动是压力降低的方向,即负压梯度方向。

4.为证此式,考虑一段半径为 r 和长度为 δx 的圆柱体状流体,该流体位于沿管的轴线处。在泊肃叶流中,流体处于作用于管壁的黏性剪切应力 τ_{rx} 和作用于流体两端的压力 p_s 的共同作用下,加速度为零,流体处于机械平衡状态。也就是说,两个力的和必须为零

$$\left\{ p_s - \left(p_s + \frac{\mathrm{d}p_s}{\mathrm{d}x} \right) \right\} \pi r^2 \delta x + \tau_{rx}(2\pi r)\delta x = 0$$

将式(3.4.5)中的 τ_{rx} 代入,化简得到

$$\frac{\mathrm{d}p_s}{\mathrm{d}x} = \frac{2\mu}{r} \frac{\mathrm{d}u_s}{\mathrm{d}r}$$

此方程是式(3.3.2)在对称条件下积分一次得到

$$\left(\frac{\mathrm{d}u_s}{\mathrm{d}r} \right)_{r=0} = 0$$

或者,把从力平衡中得到的方程对 r 微分一次,再加上自身,也可得到式(3.3.2)。

5.像之前一样求解等式(3.3.2),但现在 $u_s(a) = u^*$ 而不是 $u_s(a) = 0$,有

$$u_s = u^* + \frac{k_s}{4\mu}(r^2 - a^2)$$

如式(3.4.3)积分得到流量,则有

$$q_s = \pi a^2 u^* - \frac{k_s \pi a^4}{8\mu}$$

6. 在无滑移，黏度为 μ^* 的情况下，流速可由式(3.4.3)给出

$$q_s = -\frac{k_s \pi a^4}{8\mu^*}$$

令此式与上一题求得的流量相等

$$-\frac{k_s \pi a^4}{8\mu^*} = \pi a^2 u^* - \frac{k_s \pi a^4}{8\mu}$$

简化后得到所需的结果。

7. 设当管半径为 a 时功率为 H_1，当管半径为 $0.9a$ 时功率为 H_2，然后由式(3.4.14)可得

$$H_1 = \frac{8\mu l q^2}{a^4}, H_2 = \frac{8\mu l q^2}{a^4 (0.9)^4}$$

所需的额外功率为

$$100 \times \frac{H_2 - H_1}{H_1} \approx 52\%$$

8. 使用第 3.7 节的表示法，在更一般的情况下，式(3.7.4)变成

$$a_0^n = a_1^n + a_2^n$$

而式(3.7.5)变成

$$\frac{a_1}{a_0} = \frac{1}{(1+\alpha^n)^{1/n}}, \frac{a_2}{a_0} = \frac{\alpha}{(1+\alpha^n)^{1/n}}$$

由两式得

$$\beta = \left(\frac{a_1}{a_0}\right)^2 + \left(\frac{a_2}{a_0}\right)^2 = \frac{1+\alpha^2}{(1+\alpha^n)^{2/n}}$$

在对称分叉（$\alpha = 1.0$）时，立方定律得到的 $\beta = 1.26$，$n = 2, 4$ 时分别为 $\beta = 1.00$ 和 $\beta = 1.41$。

9. 由式(3.4.7)，(3.4.14)可知，壁面剪切应力 τ 和泵送功率 H 取决于流量 q 和管径 a，即

$$\tau \propto \frac{q}{a^3}, H \propto \frac{q^2}{a^4}$$

因此根据立方定律（$n = 3, q \propto a^3$），在树状结构的所有层级上剪切应力都是相同的，即 $\tau =$ 常数，而泵送功率在直径较大的容器中较高，在较小的分支中减小，更准确地说是 $H \propto a^2$。$n = 2 (q \propto a^2)$ 对应的结果是 $\tau \propto 1/a$，$H =$ 常数；对于 $n = 4 (q \propto a^4)$：$\tau \propto a$，$H \propto a^4$。

10. 设 a_0 为单管的半径，a_1 为双管的半径。面积比为

$$\beta = \frac{2a_1^2}{a_0^2}$$

脉动流物理学

双管中的每个管的流量是单管中的流量的一半,单管中和双管中每个管的流动泵送功率则由式(3.4.14)给出

$$H_0 = \frac{8\mu l q^2}{\pi a_0^4}, H_1 = \frac{8\mu l\ (q/2)^2}{\pi a_1^4}$$

所需的额外功率分数差为

$$\Delta H = \frac{2H_1 - H_0}{H_0} = \frac{2}{\beta^2} - 1$$

此结果与式(3.8.1)中 $\beta = 2^{1/3}$ 的结果相同。式(3.8.1)基于立方定律,当分叉对称时可得到该式(3.7.8)β 值。

11.根据立方定律,管内流量与 d^3 成正比,其中 d 为管径。因为管内平均速度等于流量除以 d^2,那么式(3.9.1)中的平均速度将与 d 成正比,即

$$\frac{l_e}{d} \propto d^2$$

因此,在动脉树的较高层,随着分支管直径逐渐变小,以管径表示的入口长度迅速减小。

12.由式(3.10.6),(3.10.7),椭圆截面长径比记为 λ,式 3.10.9 变为

$$\delta^4 = 8 \left(\frac{\lambda}{1 + \lambda^2}\right)^3 a^4$$

当 $\lambda = 1.1, \delta^4 \approx 0.99a^4$,因此,流量将减少 1 大约有 1%,而功率将增加相同的数量。

第 4 章

1.在刚性管道流动充分发展区域,当驱动流动的压力梯度随时间变化时,整个区域内的流动也会同步响应变化。在空间维度上没有波动,只有整个流体随时间来回振荡。在生理上,这种现象有些不真实,因为血管通常是非刚性的,血管内的振荡流动不会一致,即流动在空间维度上沿容器有波动,如第 5 章所述。这种波动在刚性管道中不存在。

2.式(4.2.2)中的两项只有在控制流动的方程为线性时才有可能分离,在这种情况下为式(3.2.9)。这个方程是线性的,因为它被限制在流动充分发展的区域。因此,式(4.2.2)和式(4.2.3)对于由此而来的振荡流动仅在流场充分发展的区域有效。

3.前四次谐波,使用给定的数据,为

$$f_1(t) = 7.580\ 3\cos\left(\frac{2\pi t}{T} + \frac{\pi}{180} \times (-173.916\ 8)\right)$$

$$f_2(t) = 5.412\ 4\cos\left(\frac{4\pi t}{T} + \frac{\pi}{180} \times (88.922\ 2)\right)$$

$$f_3(t) = 1.521\ 0\cos\left(\frac{6\pi t}{T} + \frac{\pi}{180} \times (-21.704\ 6)\right)$$

$$f_4(t) = 0.521\ 7\cos\left(\frac{8\pi t}{T} + \frac{\pi}{180} \times (-33.537\ 2)\right)$$

复合波的第一个近似值是 $f_1(t)$，第二个近似值是 $f_1(t) + f_2(t)$，依次类推。

4. 由式(4.4.3)，通过微分，可以发现

$$\frac{\partial u_\phi}{\partial r} = \frac{\mathrm{d}U_\phi}{\mathrm{d}r}\mathrm{e}^{\mathrm{i}\omega t}$$

$$\frac{\partial^2 u_\phi}{\partial r^2} = \frac{\mathrm{d}^2 U_\phi}{\mathrm{d}r^2}\mathrm{e}^{\mathrm{i}\omega t}$$

$$\frac{\partial u_\phi}{\partial t} = \mathrm{i}\omega U_\phi \mathrm{e}^{\mathrm{i}\omega t}$$

将这些代入式(4.4.2)，可得

$$\frac{\mathrm{d}^2 U_\phi}{\mathrm{d}r^2}\mathrm{e}^{\mathrm{i}\omega t} + \frac{1}{r}\frac{\mathrm{d}U_\phi}{\mathrm{d}r}\mathrm{e}^{\mathrm{i}\omega t} - \frac{\rho}{\mu}\mathrm{i}\omega U_\phi \mathrm{e}^{\mathrm{i}\omega t} = \frac{k_s}{\mu}\mathrm{e}^{\mathrm{i}\omega t}$$

指数项全消去，再由式(4.4.5)引入 Ω 后，可得式(4.4.4)。

5. 通过微分，可得

$$U_\phi = \frac{\mathrm{i}k_s a^2}{\mu\Omega^2}, \frac{\mathrm{d}U_\phi}{\mathrm{d}r} = 0, \frac{\mathrm{d}^2 U_\phi}{\mathrm{d}r^2} = 0$$

代入式(4.4.4)，得

$$\cdot -\frac{\mathrm{i}\Omega^2}{a^2}\frac{\mathrm{i}k_s a^2}{\mu\Omega^2} = \frac{k_s}{\mu}$$

显然，等式成立。

6. 式(4.4.4)的齐次形式为

$$\frac{\partial^2 U_\phi}{\partial r^2} + \frac{1}{r}\frac{\partial U_\phi}{\partial r} - \frac{\mathrm{i}\Omega^2}{a^2}U_\phi = 0$$

由 $U_\phi = AJ_0(\zeta)$，且由式(4.5.4)知 $\zeta = \Lambda r/a$，通过微分可得

$$\frac{\mathrm{d}U_\phi}{\mathrm{d}r} = \frac{\mathrm{d}U_\phi}{\mathrm{d}\zeta}\frac{\mathrm{d}\zeta}{\mathrm{d}r} = A\frac{\Lambda}{a}\frac{\mathrm{d}J_0}{\mathrm{d}\zeta}$$

$$\frac{\mathrm{d}^2 U_\phi}{\mathrm{d}r^2} = A\frac{\Lambda^2}{a^2}\frac{\mathrm{d}^2 J_0}{\mathrm{d}\zeta^2}$$

代入上面的齐次方程，得到

$$A\frac{\Lambda^2}{a^2}\frac{\mathrm{d}^2 J_0}{\mathrm{d}\zeta^2} + \frac{1}{r}A\frac{\Lambda}{a}\frac{\mathrm{d}J_0}{\mathrm{d}\zeta} - \frac{\mathrm{i}\Omega^2}{a^2}AJ_0 = 0$$

在方程两边乘上 $a^2/A\Lambda^2$，利用 Ω，Λ 和 ζ 的关系，方程可简化为式(4.5.2)。当 $U_\phi = BY_0(\zeta)$，同样的过程会得到式(4.5.3)。

脉动流物理学

7. 当 $\Omega = 3.0$，可从附录 A 中查得

$$\Lambda = -2.122\ 3 + 2.121\ 3\mathrm{i}$$

$$J_0(\Lambda) = -0.221\ 4 + 1.937\ 6\mathrm{i}$$

在管中心 $r = 0$，由式 (4.5.4)，有 $\zeta = 0$。由附录 A，$J_0(0) = 1$。利用式 (4.6.2) 中的这些值，化简后得

$$\frac{u_\phi(0,t)}{\hat{u}_s} = (0.226\ 4 - 0.470\ 3\mathrm{i})(\cos \omega t + \mathrm{i}\sin \omega t)$$

给定压力梯度对应的速度由上式的实部给出，因为 $k_s\cos \omega t$ 是压力梯度的实部。因此：

　　a. 在循环开始时，$\omega t = 0$，所求速度为 0.226 4。

　　b. 在循环的四分之一处，$\omega t = 90°$ 时，所需速度为 0.470 3。

　　这两个值分别对应图 4.6.1 中第一和第二面板的峰值速度。

8. 当 $\Omega = 3.0$，可从附录 A 中查得

$$\Lambda = -2.121\ 3 + 2.121\ 3\mathrm{i}$$

$$J_0(\Lambda) = -0.221\ 4 + 1.937\ 6\mathrm{i}$$

$$J_1(\Lambda) = -1.732\ 6 - 0.487\ 5\mathrm{i}$$

将这些值和 $\omega t = 150\pi/180$ 代入式 (4.7.7) 中，化简后得

$$\frac{q_\phi(t)}{q_s} = (0.319\ 8 - 0.445\ 4\mathrm{i})(\cos 150\pi/180 + \mathrm{i}\sin 150\pi/180)$$

所需流量为其虚部，即 0.545 6，与图 4.7.1 中的峰值流量一致。

9. 由式 (4.9.16)，(4.9.17) 和式 (3.4.14)，泵送功率的振荡部分为

$$\frac{H_{\phi R}}{H_s} = \left(\frac{k_{\phi R}}{k_s}\right)\left(\frac{q_{\phi R}}{q_s}\right) = \cos \omega t\left(\frac{q_{\phi R}}{q_s}\right)$$

$$\frac{H_{\phi I}}{H_s} = \left(\frac{k_{\phi I}}{k_s}\right)\left(\frac{q_{\phi I}}{q_s}\right) = \sin \omega t\left(\frac{q_{\phi I}}{q_s}\right)$$

使用前一题的结果，可得

$$\frac{H_{\phi R}}{H_s} = \cos \omega t(0.319\ 8\cos \omega t + 0.445\ 4\sin \omega t)$$

$$\frac{H_{\phi I}}{H_s} = \sin \omega t(0.319\ 8\sin \omega t - 0.445\ 4\cos \omega t)$$

一个周期的平均值为

$$\frac{1}{2\pi/\omega}\int_0^{2\pi/\omega}\frac{H_{\phi R}}{H_s}\mathrm{d}t = \frac{1}{2\pi/\omega}\int_0^{2\pi/\omega}\frac{H_{\phi I}}{H_s}\mathrm{d}t \approx 0.16$$

结果与图 4.9.1 一致。

10. 低频时，$\Omega = 1$，由式 (4.10.14) 有

$$\frac{q_{\phi R}(t)}{q_s} \approx \cos \omega t$$

高频时，$\Omega=10$，由式(4.10.14)有

$$\frac{q_{\phi R}(t)}{q_s} \approx \frac{8}{100}\sin \omega t$$

前者的最大值为1.0，后者的最大值约为0.1，在视觉上与图4.11.3一致。使用流量的虚部能得到同样的结果。

11. 从公式(4.6.3)，(4.6.4)可知，压力梯度的实部随 $\cos \omega t$ 变化，虚部随 $\sin \omega t$ 变化。因此，实部在 $\omega t=0$ 处达到峰值，而虚部在 $\omega t=90°$ 处达到峰值。

从前面的例子的结果可以看出，在低频时($\omega=1$)，流量的实部以 $\cos \omega t$ 变化，而在高频时($\sin \omega t$)，它以 $(8/100)\sin \omega t$ 变化。第一个表达式的峰值出现在 $\omega t \approx 0$ 处，第二个表达式的峰值出现在 $\omega t=90°$ 处。因此，在低频时，流量几乎与压力梯度的相位一致；而在高频时，流量几乎滞后 90°。这些值与图4.11.3中的值一致。考虑流量的虚部也得到了同样的结果。

12. 由式(4.10.24)和式(3.4.14)有

$$\frac{H_{\phi R}}{H_s} = \left(\frac{k_{\phi R}}{k_s}\right)\left(\frac{q_{\phi R}}{q_s}\right)$$

低频时，由公式(4.10.1)4和公式(4.6.3)，(4.6.4)得到

$$\frac{H_{\phi R}}{H_s} \approx \cos^2 \omega t$$

这个式子在一个周期内，即从 $\omega t=0$ 到 $\omega t=2\pi$，的平均值为1/2。因此，在低频振荡流中浪费的功率约为稳态流中相应泵送功率的一半。考虑流量的虚部也得到了同样的结果。

同样，在高频时，由式(4.11.18)，(4.11.19)有

$$\frac{H_{\phi R}}{H_s} \approx \frac{8}{\Omega^2}\cos \omega t \sin \omega t$$

这个式子在一个周期内的平均值为零。因此，在高频振荡流中浪费的功率接近零。

第5章

1. 控制弹性管道内脉动流的方程所基于的另外两个假设是(a)传播波的波长远大于管道半径；(b)传播波速远大于管内平均流速。

2. 刚性管道具有较高的弹性模量 E，由式(5.1.1)可知也具有较高的波速 c_0。因此，在其他条件相同的情况下，第一个假设(见前面的练习)在更硬的管道中能得到更好的满足。在半径较小的管道中，在其他条件相同的情况下，传播波的波长更有可能大于管道的半径，因此第二个假设(见前面的练习)在半

脉动流物理学

径较小的管子中更能得到满足。

3.有人可能会争辩说这个问题不是一个合理的问题,因为在刚性管道中的脉动流中没有波运动。然而,更有指导意义的是将刚性管道视为具有无限大刚性的弹性管道的极限情况(见前面的练习),因此具有无限的弹性模量 E,式(5.1.1)表明波速 c_0 是无限大的。因此,刚性管道中的脉动流可以看作是具有无限大波速的脉动流的极限情况。

4.控制弹性管道内流体运动的方程(5.2.4)—(5.2.6)是因变量 U, V, P 的线性方程,因此可以有标准解。但如果将边界条件应用于移动边界,则标准解不再可能,事实上解在数学上变得几乎难以解决。恒定的"中性"半径 a 上应用边界条件是由于这个困难的存在,但如果可以假设管壁的径向运动很小,也可以从物理上证明这么做是合理的。在生理环境中,由于血管受到周围组织的限制,而且血管壁的弹性模量相当高,这一假设得到了很好的满足。

5.在管壁的某一段上作用有四种力:

a.管壁内的轴向拉力,由沿管壁不同轴向位置的不均匀轴向拉力引起。

b.管壁内的径向力,由管壁内的周向张力引起。

c.管内流体压强用于管壁的径向力。

d.由流动流体作用于管壁的轴向力,由管壁上的黏性剪切引起。

6.式(5.4.16),(5.4.17)分别是应用于管壁某段轴向和径向牛顿运动定律的表述。在第一个方程中,左边的轴向加速度等于右边管壁内的剪切应力和轴向拉力之和除以管段的质量。在第二个方程中,左边的径向加速度等于右边管壁内的压力和径向应力之和,再除以管段的质量。

7.管壁厚度远小于管径的假设,出现在分析中的两个要点上。首先,在考虑管壁内径向应力组成时,式(5.3.4),在假定管壁较薄的情况下,忽略了管壁厚度内应力梯度产生的力。其次,在假定管壁较薄的前提下,大大简化了应力 — 应变关系,式(5.4.6),(5.4.7)。

8.控制流体与管壁运动的方程之间的耦合是由于管壁运动方程式(5.4.16),(5.4.17)中包含了流场的元素,即管壁处的压力 p_w 和剪切应力 τ_w。因此,这两组方程不能相互独立求解,它们必须同时求解。

9.由于控制流体流动和壁面运动的两组方程必须同时求解,因此在这两组方程之间共享一些边界条件。这些边界条件被称为"匹配条件",因为它们来自流体和管壁的物理运动的匹配。由于两种运动在流体与管壁之间的界面处会合,故此处应用了匹配条件,式(5.6.1)(5.6.2)。

10.式(5.1.1)定义的波速 c_0 没有考虑流体与壁面运动之间的黏性耦合。因此它被称为无黏性波速,因为由运动流体施加的黏性剪切应力被忽略了,就好像流体是无黏性的一样。弹性管内的实际波速 c 式(5.7.21)考虑了黏性效应,因为它是通过求解耦合方程得到的。事实上,正如在物理上所预期的那样,黏度降低了波在弹性管内的传播速度,如图5.7.1所示。

11.当$\Omega=1$时,由附录A可知

$$\Lambda=-0.707\ 1+0.707\ 1i$$

$$J_0(\Lambda)=-0.984\ 4+0.249\ 6i$$

$$J_1(\Lambda)=-0.395\ 9+0.307\ 6i$$

$$G(\Lambda)=1.004\ 9-0.001\ 4i$$

由式(4.7.7)(5.7.20)(5.9.9),可得

$$g=0.979\ 8-0.121\ 6i$$

$$\left.\frac{q_\phi}{q_s}\right|(刚性)=0.986\ 0$$

$$\left.\frac{q_\phi}{q_s}\right|(弹性)=0.996\ 3$$

$$差\approx1\%$$

当$\Omega=3$时,有

$$g=0.499\ 0-0.359\ 9i$$

$$\left.\frac{q_\phi}{q_s}\right|(刚性)=0.548\ 4$$

$$\left.\frac{q_\phi}{q_s}\right|(弹性)=0.625\ 2$$

$$差\approx14\%$$

当$\Omega=10$时,有

$$g=0.141\ 6-0.131\ 2i$$

$$\left.\frac{q_\phi}{q_s}\right|(刚性)=0.069\ 5$$

$$\left.\frac{q_\phi}{q_s}\right|(弹性)=0.072\ 1$$

$$差\approx4\%$$

结果与图5.9.9一致。

第6章

1.波在管道中的反射需要沿管道传播的波存在。在刚性管中没有沿管传播的波,如第4章所述,因此在该章中研究的条件下没有波反射。当管道内流体可压缩时,波在刚性管中可以传播和反射。在这种情况下,流体的可压缩性代替了管壁的弹性,现象以基本相同的方式展开。

脉动流物理学

2.脉动流分析的最终目的是确定流量和压力梯度之间的关系,如第 3 章中对稳态流动所进行的研究。在第 4 章和第 5 章中对脉动流做了同样的研究,但那里的结果只在没有反射波的情况下有效。当反射波存在时,流量和压力梯度之间的关系不再能从控制方程的单一解中得到。所有的反射波源都可能对这种关系产生影响,必须与控制方程的解一起考虑。简单地说,从物理的角度来看,管内的流动不再仅仅由驱动压力梯度决定。

3.虽然一维波动方程式(6.2.18)(6.2.19)的最终形式不包含径向坐标 r,但方程包含波速 c_0,它取决于管的横截面积,式(6.2.14),因此也取决于管的半径。此外,压力波动方程包含了压力的时间变化率,而压力的时间变化率又取决于截面积的时间变化率,从而也取决于管半径的时间变化率。因此,当径向坐标 r 被消除时,管半径及其时间变化率仍然隐含在方程中。

4.对式(6.3.6)微分,得

$$\frac{\mathrm{d}p_x}{\mathrm{d}x} = -\frac{\mathrm{i}\omega}{c_0}Be^{-\mathrm{i}\omega x/c_0} + \frac{\mathrm{i}\omega}{c_0}Ce^{\mathrm{i}\omega x/c_0}$$

$$\frac{\mathrm{d}^2 p_x}{\mathrm{d}x^2} = -\frac{\omega^2}{c_0^2}Be^{-\mathrm{i}\omega x/c_0} - \frac{\omega^2}{c_0^2}Ce^{\mathrm{i}\omega x/c_0}$$

代入式(6.3.5),得

$$\frac{\mathrm{d}^2 p_x}{\mathrm{d}x^2} + \frac{\omega^2}{c_0^2}p_x(x) = -\frac{\omega^2}{c_0^2}(Be^{-\mathrm{i}\omega x/c_0} + Ce^{\mathrm{i}\omega x/c_0}) + \frac{\omega^2}{c_0^2}(Be^{-\mathrm{i}\omega x/c_0} + Ce^{\mathrm{i}\omega x/c_0}) = 0$$

故等式成立。式(6.3.6)是通解,因为方程式(6.3.5)是二阶的而且解包含两个任意常数。

5.对式(6.3.4)微分,得到

$$\frac{\partial p}{\partial t} = p_x \mathrm{i}\omega e^{\mathrm{i}\omega t}$$

$$\frac{\partial^2 p}{\partial t^2} = -p_x \omega^2 e^{\mathrm{i}\omega t}$$

$$\frac{\partial p}{\partial x} = \frac{\mathrm{d}p_x}{\mathrm{d}x}e^{\mathrm{i}\omega t}$$

$$\frac{\partial^2 p}{\partial x^2} = \frac{\mathrm{d}^2 p_x}{\mathrm{d}x^2}e^{\mathrm{i}\omega t}$$

代入式(6.2.18)得到

$$\frac{\partial^2 p}{\partial t^2} - c_0^2\frac{\partial^2 p}{\partial x^2} = -p_x\omega^2 e^{\mathrm{i}\omega t} - c_0^2\frac{\mathrm{d}^2 p_x}{\mathrm{d}x^2}e^{\mathrm{i}\omega t} = 0$$

简化后得到式(6.3.5)。

6.由式(6.4.10)(6.4.17),有

$$\bar{p}(x,t) = \bar{p}(x)e^{\mathrm{i}\omega t} = ((R+1)\cos 2\pi\bar{x} + \mathrm{i}(R-1)\sin 2\pi\bar{x}) \times (\cos \omega t + \mathrm{i}\sin \omega t)$$

在图(6.4.1)中可见,单个曲线代表了压力分布的实部,反射波为 80%。取 $R=$

$0.8,\omega t = \pi/2$ 时的实部,可得

$$\Re\{\bar{p}(x)\} = 0.2\sin 2\pi\bar{x}$$

从图6.4.1可以看出,这条曲线在 $\bar{x}=0$ 处为0,在 $\bar{x}=0.25$ 处为0.2,在 $\bar{x}=0.75$ 处为 -0.2,在 $\bar{x}=1$ 处又为0。

7. 无反射波时,$R=0$,式(6.4.18)可简化为 $|\bar{p}_x(\bar{x})|=1$,即图6.3.1中外包络线的方程。当 $R=0.8$ 时,式(6.4.18)变为

$$|\bar{p}_x(\bar{x})| = \sqrt{1.64 + 1.6\cos 4\pi\bar{x}}$$

可得,在 $\bar{x}=0$ 处的 $|\bar{p}_x(\bar{x})|=1.8$,在 $\bar{x}=1/4$ 处的 $|\bar{p}_x(\bar{x})|=0.2$,在 $\bar{x}=1/2$ 处的 $|\bar{p}_x(\bar{x})|=1.8$,从而确定了图6.4.1所示的外包络线的形状。

8. 由式(6.5.19)和(6.4.12)

$$\in = R_0 R_l e^{-i\omega 2l/c_0} = R_0 R_l e^{-i4\pi l/L} = R_0 R_l e^{-i4\pi} = R_0 R_l \cos 4\pi = R_0 R_l = 0.25$$

9. 由式(6.6.15)和给定的数据,对半径为 1 cm 的管有

$$Y_0 = \frac{A_0}{\rho c_0} = \frac{\pi \times 1^2 (\mathrm{cm}^2)}{1(\mathrm{g/cm}^3) \times 100(\mathrm{cm/s})} = \frac{\pi}{10^2}\left(\frac{\mathrm{cm}^3/\mathrm{s}}{\mathrm{dynes/cm}^2}\right)$$

最终结果从物理维度来看是流量(cm^3/s)除以压力($\mathrm{dynes/cm}^2$)。对于半径为 1 mm 的管道,相应的结果是 $\pi/10^4$。

10. 由式(6.7.1)和式(6.4.12),有

$$\frac{Y_e}{Y_0} = \frac{1 - Re^{-2i\omega l/c_0}}{1 + Re^{-2i\omega l/c_0}} = \frac{1 - Re^{-4\pi il/L}}{1 + Re^{-4\pi il/L}} = \frac{1 - R\cos 4\pi}{1 + R\cos 4\pi} = \frac{1 - R}{1 + R} = \frac{1}{3}$$

11. 由于特征导纳与管道的横截面积成正比,式(6.6.15),式(6.7.14)应用于干路分叉有

$$R = \frac{a_0^2 - (a_1^2 + a_2^2)}{a_0^2 + (a_1^2 + a_2^2)} = \frac{1 - \beta}{1 + \beta}$$

其中 a_0, a_1, a_2 分别为母管道半径和两个分支的半径,β 为式(3.7.2)中定义的面积比。如果分叉对称且立方定律有效,$\beta = 2^{1/3}$ 式(3.7.8),则 $R \approx -0.115$。

12. 在树状结构中,从一级到下一级的通道以每个管段分叉为两个分支为特征。因此考虑母管道半径为 a_0,两个分支的半径为 a_1, a_2 的单个分叉,对于这个问题的目的而言足够了。如果对应的特征导纳用 Y_0, Y_l, Y_2 表示,回忆公式(6.6.15),特征导纳与横截面积成正比,因此与管半径的平方成正比,则

$$\frac{Y_1 + Y_2}{Y_0} = \frac{a_1^2 + a_2^2}{a_0^2} = \beta$$

由此可见,两个分支的组合导纳与母管道的导纳之比等于面积比 β。由于在血管树状结构中,通常从一层到下一层(从母层移动到分支)面积比是增加的,特征导纳也会在该方向上增加。

脉动流物理学

　　如果把波的反射纳入考虑范围,则必须考虑两个分支的组合有效导纳是高于还是低于它们的组合特征导纳。这个问题的答案取决于该树状结构位于这个特定分支上游的层次结构。6.8 节中引用的例子表明,在特定的树状结构中,分支的有效导纳高于其特征导纳。

名 词 索 引

脉动流物理学

uniform　均匀

fluid body　流体

in motion　运动中

fluid element　流体微元

forces on　作用于

mass　质量

momentum　动量

volume　体积

fluid,Newtonian　牛顿流体

fluidity　流动性

Fourier analysis　傅里叶分析

composite waveform　合成波形

harmonics　谐波

periodic function　周期函数

frequency equation　频率方程

frequency parameter　频率参数

elliptic cross section　椭圆截面

fully developed flow　充分发展的流量

Harmonics　谐波

Impedance　阻抗

inviscid wave speed　无黏波速

Lagrangian velocity　拉格朗日速度

laminar flow　层流

long-wave approximation　长波近似

Macroscopic scale　宏观尺度

material coordinates　材料坐标

material point　材料点

mechanical definition of pressure　压力的力学定义

mechanical properties　力学性能

Moen-Korteweg formula　M — K 公式

momentum equation　动量方程

Navier-Stokes

equations　Navier-Stokes 方程

simplified for flow in a tube　管内流动简化

simplified for oscillatory flow in a rigid tube　刚性管道内振荡流动简化

simplified for oscillatory flow in an elastic tube　弹性管道内振荡流动简化

simplified for steady flow in a tube　管道内稳态流动简化

Newton's laws of motion　牛顿运动定律

Newtonian fluid，ⅩⅲⅢ　牛顿流体，Ⅹⅲ

No-slip boundary condition　无滑移边界条件

Oscillatory flow　振荡流

Bessel function approximations　贝塞尔函数逼近

shear stress　剪切应力

maximum velocity　最大速度

oscillatory（continued）　振荡（续）

oscillatory flow in a rigid tube　刚性管道内振荡流

elliptic cross section　椭圆截面

governing equation　控制方程

pressure gradient　压力梯度

脉动流物理学

viscous forces　黏性力

wave equations　波动方程

wave motion, propagation　波运动、传播

interpretation　解释

one dimensional analysis　一维分析

pressure wave　压力波

transmission line theory　传输线理论

wave reflections, xiii　波反射,xiii

effects　效应

frequency spectrum　频谱

in a rigid tube　在刚性管道中

one dimensional analysis　一维

分析

primary　主

reflection coefficient　反射系数

secondary　二次

wave speed　波速

complex　复数

equation　方程式

in a rigid tube　在刚性管道中

in an elastic tube　在弹性管道中

infinite　无限的

inviscid　无黏性流的

real and imaginary parts　实部和虚部

wavelength　波长

Young's modulus　杨氏模量

180